职业教育食品类专业系列教材

分析化学

杨巍 贺琼 主编

化学工业出版社

·北京·

内容简介

《分析化学》从分析检验工作必备的知识与技能出发，注重理论在实践中的应用，强化撰写工作计划、统筹安排实验、规范操作仪器、熟练处理数据的训练。教材内容主要涉及实验室基本常识与安全、实验数据的表达与处理、酸碱滴定技术、氧化还原滴定技术、沉淀滴定技术、配位滴定技术、重量分析技术、吸光光度分析技术，涵盖了分析检测岗位必备的称量、配制溶液、滴定分析基本操作与数据处理训练，并配有《技能训练工单》。教材配有相应的课件，可从 www.cipedu.com.cn 下载；视频、微课等数字资源可扫描二维码学习参考。为加强职业道德、职业素养、职业行为习惯培养，落实立德树人根本任务，有机融入职业素养内容。

本教材适用于高职高专食品检验检测技术、食品质量与安全、分析检验技术、环境监测技术等专业的师生，也可作为生产企业、检测机构等行业从事分析检验工作人员的参考用书。

图书在版编目（CIP）数据

分析化学/杨巍，贺琼主编. —北京：化学工业出版社，2024.3

职业教育食品类专业系列教材

ISBN 978-7-122-44860-6

Ⅰ．①分… Ⅱ．①杨…②贺… Ⅲ．①分析化学-高等职业教育-教材 Ⅳ．①O65

中国国家版本馆 CIP 数据核字（2024）第 046310 号

责任编辑：迟 蕾 李植峰　　　文字编辑：杨凤轩 师明远
责任校对：刘 一　　　　　　　装帧设计：王晓宇

出版发行：化学工业出版社
　　　　　（北京市东城区青年湖南街 13 号　邮政编码 100011）
印　装：河北鑫兆源印刷有限公司
787mm×1092mm　1/16　印张 11　字数 233 千字
2024 年 6 月北京第 1 版第 1 次印刷

购书咨询：010-64518888　　　　　售后服务：010-64518899
网　　址：http://www.cip.com.cn
凡购买本书，如有缺损质量问题，本社销售中心负责调换。

定　价：38.00 元

《分析化学》编审人员

前　言

　　为贯彻《国家职业教育改革实施方案》，加强职业教育国家教学标准体系建设，落实职业教育专业动态更新要求，推动专业升级和数字化改造，教育部印发了《职业教育专业目录（2021年）》，一些专业进行了更名、新增、合并、撤销和归属调整。新专业对接新经济、新业态、新技术、新职业，分析化学作为食品检验检测技术、食品质量与安全、食品营养与健康等专业的专业基础课，对训练学生分析检测技能、培养化学通识能力起着重要的作用。

　　本教材从分析检测岗位必备的知识与技能出发，围绕立德树人这个根本任务，以落实高职院校学生发展为本的现代教育理论为根本，以提高学生综合素质为核心，以体现基础性、时代性为原则，以培养学生的创新精神和实践能力为重点，将应用到化学知识与技能的全国职业院校技能大赛项目"食品安全与质量检测""化学实验技术"以及相关的"1＋X"职业技能等级证书的考核内容、评分标准融入教材内容中，一体化培养能从事食品质量安全分析检测，以及食品原料及相关产品质量检测、质量认证与管理等工作的高素质技术技能人才。教材注重学生主动学习能力、职业道德、职业素养、工匠精神、创新精神的培养，并配套相应的《技能训练工单》。关键知识与技能配套视频资源，提供二维码，实现信息化手段为教材赋能，满足学生个性化学习的需求；电子课件可从 www.cipedu.com.cn 下载参考。

　　本教材由苏州农业职业技术学院杨巍、常州工程职业技术学院贺琼主编，辽宁农业职业技术学院雷恩春、商丘职业技术学院陈妍、江苏农林职业技术学院蒋新宇、漳州职业技术学院张桂云、淄博职业学院柴明艳任副主编，威海海洋职业学院吴晴晴、苏州农业职业技术学院黄洁琼、福建生物工程职业技术学院徐陞梅、潍坊工程职业学院葛军营参编。绪论、项目三由杨巍编写，项目一由黄洁琼编写，项目二由吴晴晴编写，项目四由张桂云和徐陞梅编写，项目五由雷恩春编写，项目六由蒋新宇编写，项目七由柴明艳编写，项目八由贺琼编写，项目九由陈妍编写，附录1～4由葛军营编写。全书由杨巍整理定稿，苏州海关综合技术中心高级工程师杨天宇主审。

　　编写本教材时，参考了大量参考资料，具体书目列于参考文献中。在此对所有参考教材与资料的作者表示感谢！由于编者的水平有限，书中还存在着诸多不妥之处，恳请读者批评指正，以期进一步修改和完善。

编　者

2023年12月

目　录

绪论 ··· 1

【思维导图】 ·· 1

【知识目标】 ·· 1

【能力目标】 ·· 1

【职业素养目标】 ·· 1

【必备知识】 ·· 2

　一、分析化学概述 ······································ 2

　　1. 分析化学课程的任务 ····························· 2

　　2. 分析方法的分类与选择 ··························· 2

　　3. 定量分析的一般程序 ····························· 3

　二、化学实验用水 ······································ 4

　　1. 化学实验用水级别 ······························· 4

　　2. 化学实验用水的储存 ····························· 5

　三、实验室常用仪器 ···································· 5

　　1. 常用仪器及功能 ································· 5

　　2. 玻璃仪器的洗涤 ································· 6

　　3. 玻璃仪器的干燥 ································· 7

　四、化学实验室安全 ···································· 7

　　1. 实验室安全守则 ································· 7

　　2. 实验室意外事故的处理 ··························· 8

　练习题 ·· 9

项目一　实验数据的表达与处理 ······················· 10

【思维导图】 ·· 10

【知识目标】 ·· 10

【能力目标】 ·· 10

【职业素养目标】 ·· 10

【必备知识】 ··· 11

一、误差的判断与减免方法 ··· 11

1. 误差的分类 ··· 11

2. 提高分析结果准确度的方法 ·· 12

二、定量分析结果的衡量 ··· 13

1. 误差与准确度 ·· 13

2. 偏差与精密度 ·· 13

3. 准确度与精密度的关系 ·· 15

三、数据处理 ·· 15

1. 有效数字及其运算规则 ·· 15

2. 实验数据的处理 ·· 17

练习题 ·· 17

项目二　电子分析天平与称量技术 ··· 20

【思维导图】 ·· 20

【知识目标】 ·· 20

【能力目标】 ·· 20

【职业素养目标】 ··· 20

【必备知识】 ·· 21

一、电子分析天平的构造与称量原理 ··· 21

二、电子分析天平的使用规则 ··· 21

三、称量方法 ·· 22

1. 直接称量法 ··· 22

2. 固定质量称量法 ·· 22

3. 递减称量法 ··· 23

练习题 ·· 23

【技能训练】 ·· 23

准确称量一定质量的物质 ··· 23

项目三　滴定分析基本技术 ··· 25

【思维导图】 ·· 25

【知识目标】 ·· 25

【能力目标】 ·· 25

【职业素养目标】 ··· 26

【必备知识】 ·· 27

一、滴定分析法概述 ·· 27

1. 滴定分析相关概念 ·· 27

2. 滴定分析化学反应必须具备的条件 ······································· 27

3. 滴定方式 ··· 27

二、溶液浓度的表示方法 ··· 28

1. 质量分数 ··· 29

　　2. 物质的量浓度 ……………………………………………………………… 29

　　3. 质量浓度 ………………………………………………………………… 29

　　4. 体积比浓度 ……………………………………………………………… 29

　　5. 滴定度 …………………………………………………………………… 29

　三、滴定分析常用仪器及其使用 …………………………………………………… 30

　　1. 容量瓶及其使用 ………………………………………………………… 30

　　2. 移液管、吸量管及其使用 ………………………………………………… 31

　　3. 滴定管及其使用 ………………………………………………………… 32

　练习题 ……………………………………………………………………………… 34

【技能训练】 …………………………………………………………………………… 36

　配制一定浓度的溶液 ……………………………………………………………… 36

项目四　酸碱滴定技术 …………………………………………………………… 39

【思维导图】 …………………………………………………………………………… 39

【知识目标】 …………………………………………………………………………… 39

【能力目标】 …………………………………………………………………………… 39

【职业素养目标】 ……………………………………………………………………… 40

【必备知识】 …………………………………………………………………………… 41

　一、酸碱平衡 ………………………………………………………………………… 41

　　1. 酸碱质子理论 …………………………………………………………… 41

　　2. 水的解离平衡与溶液的 pH …………………………………………… 42

　　3. 弱酸弱碱的解离平衡 …………………………………………………… 42

　　4. 一元弱酸弱碱溶液的 pH 计算 ………………………………………… 44

　　5. 缓冲溶液 ………………………………………………………………… 45

　二、酸碱指示剂的选择 ……………………………………………………………… 46

　　1. 酸碱指示剂的变色原理 ………………………………………………… 46

　　2. 指示剂的变色范围 ……………………………………………………… 46

　　3. 混合指示剂 ……………………………………………………………… 47

　　4. 酸碱滴定曲线 …………………………………………………………… 48

　　5. 酸碱滴定分析中的计算 ………………………………………………… 52

　练习题 ……………………………………………………………………………… 54

【技能训练】 …………………………………………………………………………… 56

　一、标定盐酸溶液的浓度 …………………………………………………………… 56

　二、标定氢氧化钠溶液的浓度 ……………………………………………………… 57

　三、食醋中总酸度的测定 …………………………………………………………… 58

项目五　氧化还原滴定技术 ……………………………………………………… 60

【思维导图】 …………………………………………………………………………… 60

【知识目标】 …………………………………………………………………………… 60

【能力目标】 …………………………………………………………………………… 60

【职业素养目标】 ……………………………………………………………………… 60

【必备知识】 …………………………………………………………………………………………… 61
  一、氧化还原滴定指示剂 ……………………………………………………………………… 61
    1. 自身指示剂 …………………………………………………………………………………… 61
    2. 专属指示剂 …………………………………………………………………………………… 61
    3. 氧化还原指示剂 ……………………………………………………………………………… 62
  二、常见氧化还原滴定方法 …………………………………………………………………… 63
    1. 高锰酸钾法 …………………………………………………………………………………… 63
    2. 重铬酸钾法 …………………………………………………………………………………… 65
    3. 碘量法 ………………………………………………………………………………………… 66
  三、氧化还原滴定中的计算 …………………………………………………………………… 68
  练习题 …………………………………………………………………………………………… 70
【技能训练】 …………………………………………………………………………………………… 71
  一、高锰酸钾标准溶液的配制与标定 ………………………………………………………… 71
  二、双氧水中过氧化氢含量的测定 …………………………………………………………… 73

项目六　沉淀滴定技术 ………………………………………………………………………… 74
【思维导图】 …………………………………………………………………………………………… 74
【知识目标】 …………………………………………………………………………………………… 74
【能力目标】 …………………………………………………………………………………………… 74
【职业素养目标】 ……………………………………………………………………………………… 74
【必备知识】 …………………………………………………………………………………………… 75
  一、沉淀滴定法概述 …………………………………………………………………………… 75
    1. 沉淀反应 ……………………………………………………………………………………… 75
    2. 溶度积规则 …………………………………………………………………………………… 75
  二、银量法 ……………………………………………………………………………………… 76
    1. 莫尔法 ………………………………………………………………………………………… 76
    2. 佛尔哈德法 …………………………………………………………………………………… 77
    3. 法扬斯法 ……………………………………………………………………………………… 78
  练习题 …………………………………………………………………………………………… 80
【技能训练】 …………………………………………………………………………………………… 81
  一、硝酸银标准溶液的配制与标定 …………………………………………………………… 81
  二、生理盐水中氯化钠含量的测定 …………………………………………………………… 82

项目七　配位滴定技术 ………………………………………………………………………… 84
【思维导图】 …………………………………………………………………………………………… 84
【知识目标】 …………………………………………………………………………………………… 84
【能力目标】 …………………………………………………………………………………………… 84
【职业素养目标】 ……………………………………………………………………………………… 85
【必备知识】 …………………………………………………………………………………………… 86
  一、配位化合物 ………………………………………………………………………………… 86
    1. 配合物的定义 ………………………………………………………………………………… 86

　　2. 配合物的组成 ……………………………………………………………… 86

二、EDTA 及其配合物 ……………………………………………………………… 88

　　1. EDTA 的性质 …………………………………………………………… 88

　　2. EDTA 的解离平衡 ……………………………………………………… 88

　　3. EDTA 与金属离子配合物的特点 ……………………………………… 89

三、金属指示剂 …………………………………………………………………… 89

　　1. 金属指示剂的作用原理 ………………………………………………… 89

　　2. 金属指示剂应具备的条件 ……………………………………………… 90

　　3. 金属指示剂在使用中应注意的问题 …………………………………… 91

四、提高配位滴定选择性的方法 ………………………………………………… 91

　　1. 控制酸度 ………………………………………………………………… 91

　　2. 应用掩蔽剂 ……………………………………………………………… 92

练习题 ……………………………………………………………………………… 93

【技能训练】 ………………………………………………………………………… 94

一、EDTA 标准溶液的配制与标定 ……………………………………………… 94

二、水的总硬度的测定 …………………………………………………………… 95

项目八　重量分析技术 …………………………………………………………… 98

【思维导图】 ………………………………………………………………………… 98

【知识目标】 ………………………………………………………………………… 98

【能力目标】 ………………………………………………………………………… 98

【职业素养目标】 …………………………………………………………………… 98

【必备知识】 ………………………………………………………………………… 99

一、重量分析法的分类 …………………………………………………………… 99

　　1. 沉淀法 …………………………………………………………………… 99

　　2. 汽化法（又称挥发法） …………………………………………………… 99

　　3. 电解法 …………………………………………………………………… 99

二、重量分析对沉淀的要求 ……………………………………………………… 99

　　1. 对沉淀形的要求 ………………………………………………………… 100

　　2. 对称量形的要求 ………………………………………………………… 100

三、沉淀条件的选择 ……………………………………………………………… 100

　　1. 沉淀的形成 ……………………………………………………………… 100

　　2. 沉淀的条件 ……………………………………………………………… 101

　　3. 沉淀剂的选择 …………………………………………………………… 103

　　4. 影响沉淀溶解度的因素 ………………………………………………… 103

　　5. 影响沉淀纯度的因素 …………………………………………………… 105

四、称量形的获得 ………………………………………………………………… 106

　　1. 沉淀的过滤和洗涤 ……………………………………………………… 106

　　2. 沉淀的烘干和灼烧 ……………………………………………………… 107

五、重量分析中的计算 …………………………………………………………… 107

       1. 换算因数 ·· 107

       2. 结果计算示例 108

    练习题 ·· 109

【技能训练】 ·· 111

    面粉中水分含量的测定 ··· 111

项目九　吸光光度分析技术 ··· 113

【思维导图】 ·· 113

【知识目标】 ·· 113

【能力目标】 ·· 113

【职业素养目标】 ·· 113

【必备知识】 ·· 114

    一、吸光光度法基本原理 ··· 114

       1. 溶液对光的选择性吸收 ·· 114

       2. 朗伯-比尔定律 ··· 116

       3. 吸光光度法的应用 ·· 116

    二、分光光度计 ·· 118

       1. 分光光度计的主要组成部件 ··· 118

       2. 测量条件的选择 ··· 118

    三、显色反应及其影响因素 ·· 119

       1. 显色反应和显色剂 ·· 119

       2. 影响显色反应的因素 ··· 120

    练习题 ·· 121

【技能训练】 ·· 124

    邻二氮菲分光光度法测定铁 ·· 124

附录 ·· 126

    附录1 弱酸和弱碱在水溶液中的解离常数，25℃ ······························ 126

    附录2 常用缓冲溶液的配制方法 ··· 126

    附录3 标准电极电势 ·· 127

    附录4 元素的原子量 ·· 134

参考文献 ·· 136

绪　　论

思维导图

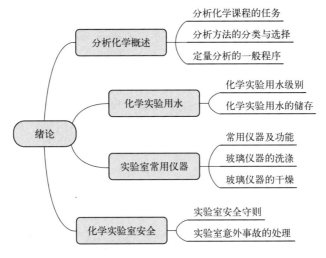

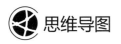 知识目标

1. 了解分析化学的任务及分类。
2. 掌握定量分析的一般程序。
3. 了解化学实验用水的规格。
4. 了解实验室安全的重要性。

能力目标

1. 在化学实验中会正确选用合适的水。
2. 会辨认不同的仪器并在实验中正确选择合适的仪器。
3. 会正确洗涤并干燥玻璃仪器。
4. 会初步处理实验室常见意外。

职业素养目标

　　初步认识到严谨认真的科学态度、求真务实的科学精神的重要性，并在学习过程中有意识地养成这些品质。通过洗涤实验室常用仪器，强调洗涤过程中自来水和纯水都应按照"少量多次"的原则使用，做到不浪费水，强化职业行为习惯的培养。

　　通过安全事故案例的警醒，强化"安全第一，预防为主"的意识，并且从化学实验的安全延伸至生活、学习中的其他方面，珍爱自己和他人的生命。

必备知识

分析化学概述

一、分析化学概述

1. 分析化学课程的任务

化学是研究物质的性质、组成、结构和变化的科学，它在科技进步、社会发展和提高人民生活质量中发挥重要的作用。化学成为 21 世纪材料科学、信息科学、环境科学、能源科学、生物医药等现代科学技术的重要基础。

分析化学是化学学科的一个重要分支，是研究物质化学组成的分析方法及有关理论的一门学科，它围绕"是什么"和"有多少"两个最基本的问题展开。分析化学常作为一种手段而被运用到很多科学研究中，日常生活中的方方面面，分析化学都在发挥着作用。例如，蔬菜批发市场每天会通报农残是否超标，新装修的房屋要测一测甲醛是否超标，新型冠状病毒的核酸检测等。

分析化学课程讲解分析化学的基本理论、基础知识和实验方法，通过学习，能运用酸碱滴定法、氧化还原滴定法、沉淀滴定法、配位滴定法、重量分析法和吸光光度法对物质进行分析检测，为后续的专业课程做好理化检测方法的原理、操作、数据处理能力的准备。同时，在课程学习中培养严谨的科学态度、踏实细致的作风、实事求是的科学道德和初步从事科学研究的技能，提高综合素质和创新能力。

2. 分析方法的分类与选择

分析化学的内容十分丰富，根据分析要求、分析对象、测定原理、试样用量与待测成分含量的不同及工作性质等，分析方法可以分为许多种类。

（1）定性分析、定量分析和结构分析　定性分析的任务是鉴定物质由哪些元素、原子团或化合物组成，解决"是什么"的问题。定量分析的任务是测定物质中有关成分的含量，解决"有多少"的问题。结构分析的任务是确定物质的分子结构、晶体结构或综合形态。

（2）无机分析和有机分析　根据分析测定的对象不同进行分类，将分析化学分为无机分析和有机分析。无机分析的测定对象是无机物，在分析中，一般要求鉴定物质的组成和测定各组分的含量。有机分析的测定对象是有机物，一般对有机物进行官能团分析、结构分析和含量分析。

（3）化学分析和仪器分析　化学分析和仪器分析是分析化学的两大分支，这是目前最主要的分类方法。

以物质的化学反应及其计量关系为基础的分析方法称为化学分析法。化学分析是分析化学的基础，主要有滴定分析法和重量分析法。

仪器分析是利用比较复杂或特殊的仪器设备，通过测量能表征物质的某些物理或物理化学性质的参数及其变化，来确定物质的组成、成分含量及化学结构等的一类分析方法，是目前应用最广、发展最快、最为重要的一大类分析方法的总称。这类方法有光学分析法、电化学分析法、色谱分析法、质谱分析法、核磁共振分析法、放射化学分析法等。二十世纪四五十年代以来，物理学和电子学的发展，促进了仪器分析的快速发展，使分析化学从以化学分析为主的经典分析化学转变为以仪器分析为主的现代分析化学。

（4）常量分析、半微量分析、微量分析和超微量分析　根据分析过程中所需试样量的多少，可分类如表 0-1。

表 0-1　基于试样用量的分析方法的分类

分析方法	试样用量/mg	试液体积/mL
常量分析	＞100	＞10
半微量分析	10～100	1～10
微量分析	0.1～10	0.01～1
超微量分析	＜0.1	＜0.01

（5）例行分析和仲裁分析　例行分析是指一般化验室对日常生产的原料和产品进行的分析，又叫常规分析。仲裁分析是因为不同的单位对同一试样分析得出不同的测定结果，并由此发生争议时，要求仲裁机构用公认的标准方法进行准确的分析，以裁判原分析结果的准确性。仲裁分析对分析方法和分析结果的准确度有较高要求。

分析方法的选择通常应遵循一些基本原则。根据被测组分的性质和含量范围、对结果准确度的要求、分析速度的要求及具体条件，选择合适的分析方法是分析化学工作者所应该具有的基本能力。常量分析一般采用化学分析方法，微量成分分析应选择灵敏度高的仪器分析方法。生产过程的中间控制分析选择快速简便的分析方法。标准物质和重要产品（如食品、药品及化学试剂）的分析必须采用带有强制性的标准分析方法，比如国家颁布标准的分析检验方法，如国家标准、部颁标准或行业标准。出口产品的分析检验一般来说，需要采用国际通用标准分析方法。

3. 定量分析的一般程序

完整的分析化验过程一般由采样、试样的预处理、测定、分析结果的计算与评价等几个环节组成。

（1）采样　样品的采集是分析检验的第一步，是指从大量的分析对象中抽取有代表性的一部分作为分析材料。分析化学对试样的基本要求是其在组成和含量上具有客观性和代表性。合理的采样是分析结果准确可靠的基础。采样必须有特定的方法或程序来保证采集的试样均匀、具有代表性。

对于气体样品，一般采用减压法、真空法、流入换气法等将气体试样直接导入适当的容器，也可用适当的溶剂或固体吸附剂吸附富集气体。

对于液体样品，在不同出水点、不同深度、不同位置，多点取样，混合均匀，以便得到具有代表性的试样。

对于固体样品，一般来说要多点取样（指不同部位、深度），然后将各点取得的样品粉碎之后混合均匀，采用四分法（见图 0-1）将混合均匀的试样堆成圆锥形，将顶略微压平，通过中心分为四等份，把任意对角两份弃去，留下的两份继续缩分，直到达到所需量为止。固体取样量一般为 10～1000g；液体样品一般是先将其混合均匀，然后从中部取样，取样量为 $10\sim100\mathrm{cm}^3$。

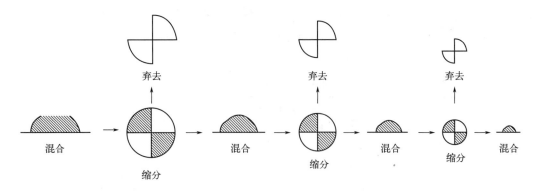

图 0-1　四分法取样示意图

(2) 试样的预处理　预处理包括两个过程，即分解试样和消除干扰。

在实际分析工作中，除干法分析外，通常要先将试样分解，把待测组分定量转入溶液后再进行测定。在分解试样的过程中，应遵循试样的分解必须完全、待测组分不能有损失、不能引入待测组分和干扰物质等原则。

根据试样的性质和测定方法的不同，常见的分解方法有溶解法、熔融法和干式灰化法等。

若试样组成简单，测定时，各组分之间互不干扰，则将试样制成溶液后，即可选择合适的分析方法进行直接测定。但在实际工作过程中，试样的组成往往较为复杂，测定时组分之间彼此干扰，所以，在测定某一组分之前，常需进行干扰组分的分离。分离时，不仅要把干扰消除完全，被测组分也不能有损失。对于微量或痕量组分的测定，在分离干扰组分的同时，还需把被测组分富集，以提高分析方法的灵敏度。常见的分离方法有沉淀法、挥发法、萃取法、离子交换树脂法和色谱分离法等。

(3) 测定　为使分析结果满足准确度、灵敏度等方面的要求，应根据具体试样的组成、性质、含量、测定要求、干扰情况及实验室条件等因素，综合考虑，选择出准确、灵敏、迅速、简便、节约、选择性好、自动化程度高、合适的分析方法。

(4) 分析结果的计算与评价　整个分析过程的最后一个环节是计算待测组分的含量，并同时对分析结果进行评价，判断分析结果的精密度、准确度等是否达到要求。

二、化学实验用水

1. 化学实验用水级别

化学实验用水

化学实验用水有相应的国家标准，国家标准 GB/T 6682—2008《分析实验室用水规格和试验方法》对分析实验室用水的级别、技术要求、制备方法和检验方法，作了明确的规定。

化学实验需用纯水，纯水有不同的规格。目前常用制备纯水的工艺方法有蒸馏法、离子交换法、电渗法、反渗透法、过滤法、吸附法、紫外氧化法等。不同的制备方法，水中含有的少量杂质种类也不同。如用铜蒸馏器蒸馏的水，会含有微量的铜离子；用玻璃蒸馏器蒸馏的水则会含有微量钠离子和硅酸根离子；用离子交换法制得的纯水，则会含有少量的有机物、微生物等。

实验室用水分为三个级别：三级水、二级水和一级水。三级水一般用蒸馏法、离子交换法或反渗透法制取，用于一般化学分析实验。二级水用三级水作原水，可用多次蒸馏或离子交换法制取，二级水用于无机痕量分析等实验，如原子吸收光谱分析等。一级水为超纯水，可由二级水用石英蒸馏器设备蒸馏或经离子交换混合床处理后，再经 $0.2\mu m$ 微孔滤膜过滤制取。一级水用于严格要求的分析实验，如制备标准水样、超痕量物质的分析和高效液相色谱等。

化学分析法中，除配位滴定法必须用去离子水外，其它方法均可采用蒸馏水。无二氧化碳、无氨蒸馏水的制取则是在蒸馏净化前先加以处理，以去除水中的二氧化碳或氨。

2．化学实验用水的储存

化学实验用的纯水必须注意保持纯净、避免污染。影响纯水质量的因素主要来自空气中的气体和杂质以及盛水的容器。化学实验用的各级水均宜使用密闭的聚乙烯容器存放。三级水也可使用密闭的专用玻璃容器。新容器在使用前需用 25% 的盐酸浸泡 2～3 天，再用待盛水反复冲洗，并装满待盛水浸泡 6 小时以上。

各级用水在储存期间可能被污染，污染的主要来源是容器中可溶成分的溶解、空气中的 CO_2 及其它污染物。所以一级水不可储存，应在使用前制备。二级水、三级水可适量储备。存放纯水的容器旁，不可放置易挥发的试剂，如浓盐酸、氨水等。

化学实验所用的纯水不可以饮用。自来水用来初步洗涤仪器或者作为水浴、冷凝用水，不能加入反应体系中。化学实验所用纯水来之不易，在保证实验要求的前提下，注意节约用水。

三、实验室常用仪器

1．常用仪器及功能

认识常规仪器

化学是一门在长期的实验与实践中诞生、发展和逐步完善的学科，化学的学习离不开实验。化学实验中要用到各种各样的仪器，为了在实验中正确选择合适的仪器，需了解常用仪器的名称、外形与功能。分析化学实验常用仪器及功能见表 0-2。

表 0-2　常用仪器及功能

仪器名称	功能
烧杯	用于物质的溶解、溶液的配制或用作反应器
量筒	用于量取一定体积的溶液。不能加热,不能在其中配制溶液,不能在烘箱中烘干,不能盛装热溶液
锥形瓶	用作反应器、滴定容器等
碘量瓶	用于碘量法或其它生成挥发性物质的定量分析
容量瓶	用于配制一定体积、准确浓度的溶液。不能加热,不能装热溶液
移液管(吸量管)	用于准确量取一定体积的液体。不能加热
洗耳球	用于移液管和吸量管定量吸取液体

续表

仪器名称	功能
滴定管	用于滴定分析。不能加热
玻璃棒	用于搅拌或引流
试剂瓶	细口瓶用于存放液体试剂,广口瓶用于装固体试剂,棕色瓶用于存放见光易分解的试剂。不能加热,不能在瓶内配制溶液,磨口塞要保持原配,装碱液的细口瓶瓶塞应使用橡胶塞
洗瓶	用于装纯水,涮洗仪器及沉淀,用水量少而且洗涤效果好
滴管	用于滴加液体
滴定台	安装滴定管夹
滴定管夹	固定滴定管
称量瓶	用于递减称量法称量固体试样。烘烤时不能盖紧磨口塞,磨口塞要原配,称量时不可直接用手拿取,应戴手套或垫洁净纸条拿取
干燥器	用于存放易吸湿试样,也可存放已经烘干或灼烧后的样品
天平	称量一定质量的物质
电炉	加热
移液枪	定量移取液体
烘箱	烘干称量瓶、玻璃器皿、基准物质、试样及沉淀

移液枪的使用

2. 玻璃仪器的洗涤

化学实验中常使用各种玻璃仪器,仪器洗涤干净是保证实验结果准确的首要条件。一般来说,玻璃仪器上常附着尘土或其它不溶性物质、可溶性物质、有机物或油垢。洗涤时,应针对不同污物选择合适的洗涤方法。常用的洗涤方法有冲洗、刷洗、药剂洗涤等。

常用玻璃仪器的洗涤与干燥

(1) 冲洗 首先在玻璃仪器中盛放约占仪器容量三分之一的自来水,然后用力振荡片刻,再将仪器内自来水倒出,如此重复数次。该方法可洗去附着在玻璃仪器上的部分灰尘和可溶性物质。

(2) 刷洗 冲洗不能洗涤干净的玻璃仪器,可用毛刷蘸上去污粉、洗衣粉、洗涤剂等洗涤用品进行刷洗。刷洗时应选用合适的毛刷,切勿使用端头无直立竖毛的秃头毛刷,注意使用正确的刷洗动作。该方法可洗去灰尘、可溶性物质、某些不溶性物质、油污和一些有机物。

(3) 药剂洗涤 对于一些准确性要求高的玻璃量器、不易洗去的污物或口径较小不便刷洗的玻璃仪器,可借助一些洗液浸泡洗涤,如铬酸洗液为实验室常用洗液。也可针对附着物特性选用其他试剂清洗,如利用中和反应、氧化还原反应、配位反应等,将不溶物转化为易溶物以便于洗涤。此类方法可洗去一些顽固性附着物,如金属、金属氧化物、金属硫化物、积垢等。药剂洗涤时,应充分让药剂浸泡整个玻璃仪器的器壁,切勿将毛刷放入洗液,浸泡后的洗液应加以回收,洗液不可倒入水池或废液缸。经过洗液浸泡后的玻璃仪器,在回收洗液后,可再用水冲洗或刷洗。对于一些有精密刻度的量器,只能采用冲洗的方法洗涤，不得用毛刷刷洗。

玻璃仪器是否洗涤干净可通过器壁是否挂有水珠进行检验。方法为：将洗净后的玻璃仪器倒置，如果器壁透明、不挂水珠则说明已洗干净；若器壁不透明或附着水珠或可看到有油斑，则表示尚未洗净。仪器经自来水洗涤干净后，需用纯水润洗 3 遍。洗净后的仪器应采用晾干或其它干燥方法使之干燥，不得用抹布或纸擦拭，以免再次污染。

3．玻璃仪器的干燥

不同的实验，对所用仪器是否干燥的要求不同。干燥方法有如下几种。

（1）晾干 将洗净的仪器倒立放置在仪器架上，让其在空气中自然晾干。

（2）烘干 将洗净的仪器放在烘箱中，控制温度在 105℃ 左右烘干。但容量瓶、移液管、吸量管、滴定管等精密度高的量器不能烘干。

（3）烤干 将仪器外壁擦干后用小火烘烤，烘烤时不停转动仪器，使其受热均匀，管口必须朝下倾斜，以免水珠倒流引起爆裂。

（4）吹干 用吹风机或玻璃仪器气流干燥器吹干。

（5）有机溶剂法干燥 利用有机溶剂的易挥发性及与水的相溶性，在洗净仪器内加入少量有机溶剂进行淋洗，如酒精或丙酮，然后晾干或吹干。这种方法可辅助上面的晾干或吹干，加快其干燥的速度，但经有机溶剂淋洗后的仪器不得放置烘箱烘干，更不能用火烤干，以免引起危险。

四、化学实验室安全

实验室是人才培养和科学研究的重要基地，化学实验室往往涉及高温、高压、危险化学品等安全隐患，实验室安全问题，必须人人重视。每一个实验室工作人员，都要有一定实验室安全知识，避免事故发生，万一事故发生也能采取措施减少损失。为确保人身安全及实验室仪器设备的安全，必须严格遵守实验室的安全规则。时刻保持安全意识，养成良好的安全习惯，在日常工作中做到居安思危，切忌马虎大意及侥幸心理。

化学实验室
安全规范

1．实验室安全守则

① 严格遵守实验室各种操作规程和有关的安全技术规程，了解所用仪器设备的性能及操作中可能发生的事故原因，掌握预防和处理事故的方法。

② 做好个人防护工作。进入实验室工作时必须穿工作服，不能光着脚、穿拖鞋和凉鞋进入实验室。在进行任何有可能碰伤、刺激或烧伤眼睛的工作时必须戴防护眼镜。

③ 实验室严禁喧哗打闹，保持实验秩序井然。实验室内严禁饮食、吸烟，一切化学药品禁止入口。实验完毕须洗手。

④ 使用电器设备时，应特别细心，切不可用湿润的手去开启电闸和电器开关，以免触电。水、电、煤气灯使用完毕后，应立即关闭。离开实验室时，应仔细检查水、电、煤气、门、窗是否均已关好。

⑤ 实验室停止供煤气、供电及供水时应立即将气源、电源及水源开关全部关闭，以防再次供气，供电及供水时由于开关未关而发生事故。

⑥ 开启易挥发试剂的试剂瓶时，如乙醚、丙酮、浓盐酸、浓氨水等试剂瓶，切不可将瓶口对着自己或他人，以防气液冲出引起事故。使用浓酸、浓碱及其他具有强腐蚀性的试剂时要特别小心，均应在通风橱中操作，切勿溅在皮肤或衣服上。

⑦ 使用易挥发、易燃液体试剂（如乙醚、丙酮、石油醚等）时，要保持室内通风良好，禁止使用明火，以免引起火灾。

⑧ 从电炉或电热板上取下正在加热至近沸的水或溶液时，应先用烧杯夹将其轻轻摇动后才能取下，防止暴沸、飞溅伤人。从高温炉取出高温物体（如坩埚或瓷舟）时，应将高温物体放在石棉板或瓷盘中，附近不得有易燃物。

⑨ 使用酒精灯时，酒精切勿装满，应不超过其容量的 2/3。灯内酒精不足 1/4 容量时，应先灭火，并且等冷却后添加酒精，周围绝对不可有明火。如不慎将酒精洒在灯的外部，一定要擦拭干净后才能点火。酒精灯点火时决不允许用一个灯去点另一个灯。灭火时，酒精灯一定要用灯帽盖灭，不可用嘴吹灭，以防引起灯内酒精燃烧。

⑩ 实验室及实验台面应保持整洁，使用的仪器摆放合理。混乱、无序往往是引发事故的重要原因之一。禁止将固体物、玻璃碎片等扔入水槽内，以免造成下水道堵塞。废酸、废碱应小心倒入废液缸，切勿倒入水槽内，以免腐蚀下水管。

2. 实验室意外事故的处理

（1）化学灼伤 被化学品灼伤时，应立即清除皮肤上的化学药品，用大量水冲洗，再用适合于消除这类有害化学药品的特殊溶剂、溶液或药剂仔细洗涤处理伤处。被碱灼伤时，应立即用大量水冲洗，然后用 2％硼酸水溶液洗或撒敷硼酸粉。其中对氧化钙的灼伤，可用植物油涂覆伤处。被酸灼伤时，应用大量水冲洗，然后用碳酸氢钠的饱和溶液冲洗。

实验室常发
事故及处理

眼睛受到灼伤时，应分秒必争地进行急救。最好的办法是立即用洗眼器的水流洗涤或用大量水冲洗，但要注意水压不要太大，以免眼球受伤，也不要揉搓眼睛。在用大量的细水流洗涤眼睛后，如果是碱烧伤，用 2％硼酸溶液淋洗；酸灼伤，则用 2％碳酸氢钠溶液淋洗。

（2）中毒急救 对中毒者的急救，主要在于把患者送到医院之前，立即将患者从中毒区移出，并设法排出其体内毒物。患者被送往医院后应立即告诉医生患者可能的中毒物，以便及时治疗。

（3）触电处理 受到电流伤害时，要立即用不导电的物体把触电者从电线上移开，同时切断电源。把触电者转移到有新鲜空气的地方进行人工呼吸并迅速送往医院。

（4）割伤 当玻璃等物割伤皮肤时，先要取出伤口中的玻璃或固体物，可稍挤出一些污血，用蒸馏水、硼酸水或双氧水洗净伤口，然后上碘伏，再用纱布药棉包扎。严重割伤应马上就医。

（5）灭火 遇到火情时，最重要的是要沉着、冷静、头脑清醒。首先是断电、关气。局部着火时，先用湿布、灭火毯盖灭；火势较大时，依火情性质选用相应的灭火器材；有扩大危险时要马上报警。如遇衣服着火，立即用湿毯子之类的东西蒙盖在身上以熄灭燃烧的衣服，切不可慌张跑动。

 练习题

一、选择题

1. 现需要准确配制 0.1mol/L $K_2Cr_2O_7$ 溶液，下列仪器中最合适的是（　　）。

A. 容量瓶　　　　B. 量筒　　　　C. 刻度烧杯　　　　D. 酸式滴定管

2. 滴定分析中，下面哪种器具可用来准确移取一定体积的液体？（　　）

A. 烧杯　　　　B. 移液管　　　　C. 量杯　　　　D. 天平

3. 下列仪器不能加热的是（　　）。

A. 烧杯　　　　B. 容量瓶　　　　C. 坩埚　　　　D. 试管

4. 实验室中常用的铬酸洗液是由哪两种物质配制的？（　　）

A. $K_2Cr_2O_7$ 和浓 H_2SO_4　　　　B. K_2CrO_4 和浓 HCl

C. $K_2Cr_2O_7$ 和浓 HCl　　　　D. K_2CrO_4 和浓 H_2SO_4

5. 欲量取 9mL HCl 配制标准溶液，选用的量器是（　　）。

A. 吸量管　　　　B. 滴定管　　　　C. 移液管　　　　D. 量筒

6. 当被加热的物体要求受热均匀而温度不超过 100℃ 时，可选用的加热方法是（　　）。

A. 恒温干燥箱　　　B. 电炉　　　　C. 煤气灯　　　　D. 水浴锅

7. 打开浓盐酸、浓硝酸、浓氨水等试剂瓶时，应在（　　）中进行。

A. 冷水浴　　　　B. 走廊　　　　C. 通风橱　　　　D. 药品库

8. 酸的灼伤应用大量的水冲洗，然后用（　　）冲洗，再用水冲洗。

A. 0.3mol/L HAc 溶液　　　　B. 2% $NaHCO_3$ 溶液

C. 0.3mol/L HCl 溶液　　　　D. 2% NaOH 溶液

二、思考题

1. 在实验室配制某溶液，溶解溶质时，加了自来水。请问操作有没有错误？错在哪里？

2. 目前常用制备纯水的工艺方法有哪些？

3. 玻璃仪器洗净的标准是什么？

4. 容量瓶、移液管、吸量管、滴定管为什么不能烘干？这些仪器如果需要干燥，可用什么方法？

5. 要将某公司送检的样品配成 200mL 溶液，请问该样品溶液在什么容器中配制？

6. 要准确移取 25mL 的盐酸标准溶液，请问用什么仪器量取？

7. 查阅资料，谈谈你对实验室安全的认识。以小组为单位，制作一张实验室安全宣传海报。

项目一
实验数据的表达与处理

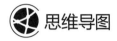 思维导图

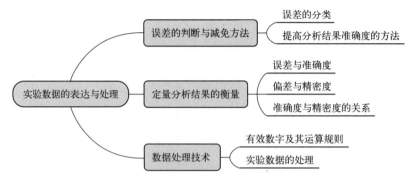

知识目标

1. 了解系统误差和偶然误差的特点。
2. 了解准确度和精密度的关系。
3. 掌握有效数字的含义和修约规则。

能力目标

1. 能分析误差产生的原因。
2. 会计算绝对误差、相对误差、相对平均偏差、标准偏差、相对标准偏差。
3. 能按照有效数字修约规则对计算结果进行正确的修约。
4. 会用 Q 值检验法判断可疑值的取舍。

职业素养目标

通过误差、偏差、可疑数据取舍的学习，认识到化学实验的严谨性、实验结果的客观性和科学性。明白实验数据的记录要实事求是，实验数据的取舍要有科学的方法和依据。潜移默化地培养明辨、笃实的良好品质，严谨求实的科学作风，实事求是的科学精神。

必备知识

一、误差的判断与减免方法

在分析检测工作中，即使是技术很熟练的分析人员，在相同条件下用同一方法对同一试样进行多次测量，结果可能也不完全相同。这说明，在分析过程中误差是不可避免的。因此，应当了解分析过程中产生误差的原因及规律性，正确进行实验数据处理和结果分析。

1．误差的分类

定量分析的目的是准确地测定试样中组分的含量。分析测定过程中，由于主、客观条件的限制，测定结果不可能和真实值完全一致。实验所得的测量值与真实值之间的差值就是定量分析的误差。

根据误差的性质和产生的原因，可将误差分为系统误差和偶然误差。

（1）系统误差 系统误差又称为可测误差。它是由某些固定原因所造成的误差，使测定结果系统性偏高或偏低。其特点是：在一定条件下，对测定结果的影响是固定的，误差的正负具有单向性，大小具有规律性；平行测定时会重复出现，其大小可以测定。系统误差主要分为：

① 方法误差：由于分析方法本身不完善所造成的误差。例如，在重量分析中，沉淀的不完全、共沉淀现象、灼烧过程中沉淀的分解或挥发；在滴定分析中，反应进行得不完全、滴定终点与化学计量点不完全符合等都会使测定结果偏高或偏低。

② 仪器误差：由于仪器本身不够准确引起的误差。例如，天平砝码不够准确，滴定管、容量瓶和移液管的刻度不够准确。

③ 试剂误差：由于试剂不纯引起的误差。例如，试剂和蒸馏水中含有微量的杂质都会使分析结果产生一定的误差。

④ 操作误差：指在正常操作情况下，分析人员的操作与正确的控制条件稍有差别而引起的误差。例如，滴定管的读数系统偏低或偏高、对颜色的不够敏锐和固有的习惯等所造成的误差。

值得注意的是，因操作不细心、不按操作规程而引起分析结果出现差异，则称为"过失"。例如，溶液的溅失、加错试剂、读错读数、记录和计算错误等，这些都是不应有的过失，不属于误差的范围，正确测量的数据不应包括这些错误数据。当出现较大的误差时，应认真考虑原因，剔除由过失引起的错误数据。只要加强责任心，严格按照规程操作，过失是完全可以避免的。

（2）偶然误差 偶然误差又称不可测误差、随机误差，是由于在测量过程中，一些难以控制的偶然因素所造成的。例如，测定时环境的温度、湿度或气压的微小变化，仪器性能的微小变化，操作人员操作的微小差别都可能引起偶然误差。偶然误差时大时小，时正时负，难以察觉，难以控制。偶然误差虽然不固定，但在同样的条件下进行多次测定，其分布服从正态分布规律，即大小相等的正、负误差出现的概率大体相等，小误差出现的概率大，大误差出现的概率小，个别特别大的误差出现的次数极少。

偶然误差难以找出确定原因，似乎没有规律，但随着测定次数的增加，正负误差可以相互抵消。

2. 提高分析结果准确度的方法

(1) 选择合适的分析方法　不同分析方法的灵敏度和准确度是不同的。滴定分析法和重量分析法的准确度高，但灵敏度低，适用于常量分析。仪器分析的灵敏度高，但准确度较差，适用于微量或痕量组分的测定。选择分析方法时，还必须考虑共存组分的干扰问题。总之，必须根据分析对象、样品情况及对分析结果的要求，选择恰当的分析方法。

(2) 减小测量误差　为了保证分析结果的准确度，必须尽量减小各步的测量误差。一般万分之一分析天平的称量误差为 $\pm 0.0001g$，差减法称量两次可能的最大误差为 $\pm 0.0002g$。为使测量时的相对误差在 $\pm 0.1\%$ 以内，称样量就必须大于 $0.2g$。

在滴定分析中，常用的 25mL、50mL 滴定管一次读数有 $\pm 0.01mL$ 的误差，每次滴定需要读数 2 次，这样就可能造成 $\pm 0.02mL$ 的最大绝对误差。为了把测量时的相对误差控制在 $\pm 0.1\%$ 以内，则消耗滴定剂的体积最少为 20mL，一般保持在 20～30mL 之间。

(3) 增加平行测定次数，减小偶然误差　偶然误差符合正态分布规律。平行测定的次数越多，消除系统误差后测定结果的算术平均值越接近真实值。因此，常用增加平行测定次数取平均值的方法来减小偶然误差。实际工作中，对于同一试样的分析，不可能、也没有必要无限地增加测定次数，一般要求为 3～5 次，通常为 3 次，即可得到比较满意的结果。

(4) 消除测量过程中的系统误差　系统误差是由固定原因造成的，因此只要找到这一原因就可消除系统误差。常用的方法有以下几种。

① 空白试验：由试剂、蒸馏水等带进杂质而引入的系统误差，可用空白试验来消除。空白试验是指不加试样，按分析规程在同样的操作条件下进行分析，得到的结果为空白值，然后从试样分析结果中扣除此空白值就得到比较准确的分析结果。但要注意，空白值不应太大，否则，须提纯试剂、蒸馏水或更换仪器，以减小空白值。

② 校正仪器：对准确度要求较高的测量，要对所选用的仪器，如天平砝码、滴定管、移液管、容量瓶、温度计等进行校正。但准确度要求不高时，一般不必校正仪器。

③ 对照试验：对照试验是检验系统误差的有效方法。对照试验可以用标准试样、标准方法以及加入回收法进行。标准试样是指待测组分的含量准确已知的试样。用待检验的分析方法测定某标准试样，并将结果与标准值相对照，找出系统误差的大小并校正。还可以对同一试样用标准方法与待检验的分析方法进行比较测定。在没有标准试样或试样的组分不清楚时，可以向样品中加入一定量的被测纯物质，用同一方法进行定量分析。根据加入的被测纯物质的测定准确度来估算分析结果的系统误差，以便进行校正。

二、定量分析结果的衡量

1. 误差与准确度

误差有绝对误差（E）和相对误差（E_r）两种表示方法。

$$绝对误差(E) = 测得值(x) - 真实值(x_T)$$

$$相对误差(E_r) = \frac{测得值(x) - 真实值(x_T)}{真实值(x_T)} \times 100\%$$

误差与准确度

真实值是指某一物理量本身具有的客观存在的真实数值。一般来说，真实值是未知的。实际工作中，人们常将用标准方法通过多次重复测定所求出的算术平均值作为真实值。

【例1-1】 已知两试样的真实质量分别为：0.5126g和5.1241g。用分析天平称量两试样，结果分别为0.5125g和5.1240g。求两者称量的绝对误差和相对误差。

解： $E_1 = 0.5125 - 0.5126 = -0.0001(g)$

$E_2 = 5.1240 - 5.1241 = -0.0001(g)$

$$E_{r1} = \frac{-0.0001}{0.5126} \times 100\% = -0.02\%$$

$$E_{r2} = \frac{-0.0001}{5.1241} \times 100\% = -0.002\%$$

从计算结果可知，两试样称量的绝对误差相等，但相对误差却相差10倍。由此可知，称量的绝对误差相等时，在允许的范围内，称量物质量越大，相对误差越小，表示测定结果与真实值越接近。

测量值与真实值接近的程度就是准确度，常用误差表示。误差越小，表示测定结果越接近真实值，准确度越高；反之，准确度越低。相对误差反映出误差在测定结果中所占百分比，更客观。因此，在分析工作中，通常用相对误差来衡量测定结果的准确度。

2. 偏差与精密度

为了减小测量过程中的偶然误差，在相同条件下，要对同一试样进行多次重复测定。精密度是指平行测定值之间的相互接近程度。各测量值越相互接近，说明精密度越高；反之，精密度越低。精密度常用分析结果的偏差来衡量。

偏差可以用绝对偏差、相对偏差、平均偏差、相对平均偏差以及标准偏差等多种方法来表示。

绝对偏差（d_i）是指个别测定值x_i与算术平均值$\overline{x}$的差值。

设某一组测量数据为$x_1, x_2, \cdots, x_n$

其算术平均值$\overline{x}$（n为测定次数）

$$\overline{x} = \frac{x_1 + x_2 + \cdots + x_n}{n} = \frac{1}{n}\sum_{i=1}^{n} x_i$$

任意一次测定数据的绝对偏差

$$d_i = x_i - \overline{x}$$

相对偏差是绝对偏差占算术平均值的百分数

$$d_r = \frac{d_i}{\overline{x}} \times 100\%$$

平均偏差是指各偏差的绝对值的和的平均值

$$\overline{d} = \frac{|d_1| + |d_2| + \cdots + |d_n|}{n} = \frac{\sum\limits_{i=1}^{n} |d_i|}{n}$$

其中 $d_1 = x_1 - \overline{x}$，$d_2 = x_2 - \overline{x}$，$\cdots$，$d_n = x_n - \overline{x}$。

相对平均偏差（$\overline{d}_r$）是指平均偏差占算术平均值（$\overline{x}$）的百分数

$$\overline{d}_r = \frac{\overline{d}}{\overline{x}} \times 100\%$$

绝对偏差（d_i）、相对偏差（d_r）一般用于组内数据优劣的比较，相对平均偏差（$\overline{d}_r$）一般用于组间数据优劣的比较。

标准偏差又叫均方根偏差，是用数理统计的方法处理数据时，衡量精密度的一种方法，其符号为 s。标准偏差用来衡量一组数据的分散程度，当测定次数不多（$n < 20$）时，则

$$s = \sqrt{\frac{d_1^2 + d_2^2 + \cdots + d_n^2}{n-1}} = \sqrt{\frac{\sum\limits_{i=1}^{n} d_i^2}{n-1}}$$

相对标准偏差（RSD）也称变异系数（CV），是指标准偏差占算术平均值的百分数，表示为：

$$RSD = \frac{s}{\overline{x}} \times 100\%$$

用标准偏差表示精密度比用平均偏差要好，它能更明显地反映出一组数据的离散程度。

【例 1-2】 有两组数据，各次测量的偏差为

甲：0.3，0.2，0.4，−0.2，0.4，0.0，0.1，0.3，0.2，−0.3

乙：0.0，0.1，0.7，0.2，0.1，0.2，0.6，0.1，0.3，0.1

计算它们的平均偏差和标准偏差分别如下：

甲：$\overline{d}_甲 = 0.24$　　$s_甲 = 0.28$

乙：$\overline{d}_乙 = 0.24$　　$s_乙 = 0.34$

两组数据的平均偏差相等，但可以明显地看出，乙数据较为分散。用平均偏差表示精密度反映不出这两组数据的差异，如用标准偏差来表示就很清楚。可见，甲数据的精密度要比乙数据好。

在一般分析中，通常多采用平均偏差或相对平均偏差来表示测量的精密度。而对于一种分析方法所能达到的精密度的考察，一批分析结果的分散程度的判断以及其他许多分析数据的处理等，最好采用标准偏差或相对标准偏差。用标准偏差表示精密度，可将单次测量的较大偏差和测量次数对精密度的影响反映出来。

对于少数几次测定，也可用极差（R）来表示精密度。极差（R）是指一组平行测

定数据中最大者（x_{max}）和最小者（x_{min}）之差。

$$R = x_{max} - x_{min}$$

$$相对极差 = \frac{R}{\bar{x}} \times 100\%$$

3．准确度与精密度的关系

分析结果的准确度表示测量值与真实值的接近程度，测量值与真实值之间越接近，则分析结果的准确度越高，它反映了测量的系统误差和偶然误差的大小。精密度是表示平行测定结果相互接近的程度，与真实值无关，它反映了测量的偶然误差的大小。因此，精密度高并不代表准确度一定高。精密度高只能说明测定结果的偶然误差较小，只有在消除了系统误差之后，精密度高，准确度才高。

【例1-3】　甲、乙、丙三人同时测定某一铁矿石中 Fe_2O_3 的含量（真实含量为 50.36%），各分析四次，测定结果如下：

	甲	乙	丙
x_1	50.30％	50.40％	50.36％
x_2	50.30％	50.30％	50.35％
x_3	50.28％	50.25％	50.34％
x_4	50.27％	50.23％	50.33％
$\bar{x}$	50.29％	50.30％	50.34％

将所得数据绘于图1-1中。

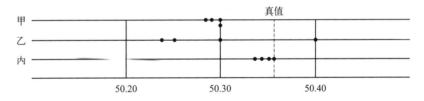

图1-1　甲、乙、丙分析结果分布

由图1-1可知，甲的分析结果精密度很高，但平均值与真实值相差颇大，说明准确度低；乙的分析结果精密度不高，准确度也不高；丙的分析结果的精密度和准确度都比较高。根据以上分析可知，精密度高不一定准确度高，但准确度高一定要求精密度高。精密度是保证准确度的先决条件。若精密度很差，说明测定结果不可靠，也就失去了衡量准确度的前提。

三、数据处理

1．有效数字及其运算规则

（1）有效数字　分析工作中实际能测量到的数字称为有效数字。它不但反映了测量数据"量"的多少，也反映了所用测量仪器的准确度。有效数字包括所有的准确数字和最后一位估读数字。例如，用万分之一的分析天平称量某物

有效数字及
修约规则

品的质量为 0.2015g，最后一位 "5" 就是估读数字。

"0" 在数据中具有数字定位和有效数字双重作用。第一个非零数字前面的 "0" 不是有效数字，仅起定位作用。数字之间和小数点后末尾的 "0" 是有效数字，如，0.1000 为四位有效数字。以 "0" 结尾的正整数，有效数字位数不清。所以，确定有效数字位数的规则为从第一个不为零的数字开始数起，后面所有的数字都是有效数字。

pH、pK_a 等对数数值，其有效数字的位数取决于小数点后的位数，其整数部分只说明该数是 10 的多少次方。如 HAc 的 $pK_a = 4.75$，为两位有效数字，化为 $K_a = 1.8 \times 10^{-5}$，同样保留两位有效数字。另外，在换算单位时，有效数字位数不能变。例如，$1.2g = 1.2 \times 10^3 mg$，而不能记成 $1.2g = 1200mg$。

（2）数字修约规则 处理分析数据时，要对一定位数的有效数字进行合理的修约，修约规则是 "四舍六入五留双"。当尾数 ≤4 时舍去，当尾数 ≥6 时进位。当尾数 =5 时，5 后无数或全部为零时，前一位是奇数进 1 位，前一位是偶数不进位；5 后并非全部为零时，则进位。

【例 1-4】 将下列各数修约为四位有效数字：

修约前	修约后
28.175	28.18
28.165	28.16
28.2645	28.26
28.2551	28.26
28.2650	28.26
28.265001	28.27
28.2667	28.27

修约数字时，只允许对原测量值一次修约到所需要的位数，不能分次修约。例如，将 2.154546 修约成三位有效数字，不能 2.154546→2.15455→2.1546→2.155→2.16，而应该直接修约成 2.15。

（3）有效数字的运算规则

① 加减法：根据误差的传递规律，在加减运算中，结果的绝对误差等于各数据绝对误差的代数和，可见，绝对误差最大者起决定作用。所以在加减运算中应使结果的绝对误差与各数据中绝对误差最大者相一致。保留结果有效数字的位数时以数据中小数点后位数最少（即绝对误差最大）的为准，将其他数据按照 "四舍六入五留双" 的规则进行修约，然后进行计算。

【例 1-5】 $0.0122 + 22.64 + 1.04962 = 0.01 + 22.64 + 1.05 = 23.70$

② 乘除法：在乘除法运算中，结果的相对误差等于各数据相对误差的代数和，可见各数据中相对误差最大者起决定作用。保留结果有效数字的位数，以数据中有效数字位数最少的为准。

【例 1-6】 $0.0122 \times 22.64 \times 1.04962 = 0.0122 \times 22.6 \times 1.05 = 0.290$

在乘除法运算中，如果遇到第一位为 ≥8 的数据，可以多算一位有效数字。如 9.13，可算作四位有效数字，因其相对误差约为 0.1%，与 10.15、10.25 等这些具有四位有效数字的数据的相对误差很接近。

2. 实验数据的处理

测量值总有一定的波动性，这是偶然误差所引起的正常现象。但有时发现一组测量值中会有一两个数值明显偏大或偏小，这样的测量值称为离群值或可疑值。可疑值的产生既可能是由于分析测试中的过失造成的，也可能是由于偶然误差造成的。过失造成的就应舍弃，偶然误差引起的就应保留。如果不知道可疑值是否由于过失导致的，则不能随意取舍，必须借助于统计学的方法来判断。对于少数几次平行测定中出现的可疑值的取舍，最常用的方法有 $4d$ 法和 Q 值检验法。这里重点介绍 Q 值检验法。

Q 值检验法的步骤如下：

① 把测得的数据由小到大排列：$x_1, x_2, x_3, \cdots, x_{n-1}, x_n$，其中 x_1 和 x_n 为可疑值。

Q 值检验法

② 将可疑值与相邻的一个数值的差，除以最大值与最小值之差（常称为极差），所得的商即为 Q 值，即：

$$\text{若 } x_1 \text{ 为可疑值} \quad Q = \frac{x_2 - x_1}{x_n - x_1}$$

$$\text{若 } x_n \text{ 为可疑值} \quad Q = \frac{x_n - x_{n-1}}{x_n - x_1}$$

③ 根据测定次数 n 和要求的置信度（测定值出现在某一范围内的概率）P 查表 1-1 中的 Q_P。

④ 将 Q 值与 Q_P 比较，若 $Q \geqslant Q_P$，则可疑值应舍弃，否则应保留。分析化学中通常取 0.90 的置信度。

表 1-1　Q_P 值表

n	3	4	5	6	7	8	9	10
$Q_{0.90}$	0.94	0.76	0.64	0.56	0.51	0.47	0.44	0.41
$Q_{0.95}$	0.97	0.84	0.73	0.64	0.59	0.54	0.51	0.49

【例 1-7】　标定一个标准溶液，测定了 5 个数据（单位为 mol/dm^3）：0.1026、0.1014、0.1012、0.1019 和 0.1016。试用 Q 值检验法确定可疑数据 0.1026 是否应舍弃？（$P = 0.90$）

解：将实验数据排序后，发现 0.1026 最为可疑，则

$$Q = \frac{0.1026 - 0.1019}{0.1026 - 0.1012} = 0.50$$

查表 1-1，$n = 5$ 时，$Q_{0.90} = 0.64$。因为 $Q < Q_{0.90}$，所以数据 0.1026 不能舍弃。

 练习题

一、选择题

1. 用同一台分析天平称取下列质量的药品，相对误差最小的是（　　）。

A. 0.9867g B. 0.5432g C. 0.1222g D. 0.4567g

2. 对试样进行平行三次测定，平均值为 30.68%，而真实值为 30.65%，那么 30.68%－30.65%＝0.03% 为（　　　）。

A. 相对误差 B. 绝对误差 C. 相对偏差 D. 绝对偏差

3. 标定某溶液的浓度时，四次测定结果为 0.2041mol/L、0.2049mol/L、0.2043mol/L、0.2039mol/L，则测定结果的相对平均偏差为（　　　）。

A. 1.5% B. 0.15% C. 0.015% D. 15%

4. 分析结果的准确度用（　　　）表示。

A. 标准偏差 B. 相对偏差 C. 相对误差 D. 平均偏差

5. 下列说法中正确的是（　　　）。

A. 精密度高，准确度一定高 B. 误差是衡量精密度高低的尺度

C. 偏差是衡量准确度高低的尺度 D. 精密度高，准确度不一定高

6. 比较下列两组测定结果的精密度，（　　　）。

甲组：0.19%，0.19%，0.20%，0.21%，0.21%

乙组：0.18%，0.20%，0.20%，0.21%，0.22%

A. 甲、乙两组相同 B. 甲组比乙组高

C. 乙组比甲组高 D. 无法判别

7. 已知分析天平可称准至 0.0001g，要使天平称量误差不大于 0.1%，至少应称取试样量（　　　）。

A. 0.1g B. 0.2g C. 1.0g D. 0.01g

8. 12.26、7.21、2.1341 三数相加，由计算器所得结果为 21.6041，应修约为（　　　）。

A. 21 B. 21.6 C. 21.60 D. 21.604

9. 按有效数字的运算规则计算：$25.658 \times 0.1612 \times 0.01224 =$（　　　）。

A. 0.05063 B. 0.05062 C. 0.050625 D. 0.050629

10. 0.01200 包含（　　　）位有效数字。

A. 6 B. 2 C. 4 D. 5

11. pH＝11.20 的有效数字为（　　　）。

A. 四位 B. 三位 C. 二位 D. 任意位

12. 分析工作中实际能够测量到的数字称为（　　　）。

A. 精密数字 B. 准确数字 C. 可靠数字 D. 有效数字

13. 1.34×10^{-3} 的有效数字是（　　　）位。

A. 6 B. 5 C. 3 D. 8

14. pH＝5.26 中的有效数字是（　　　）位。

A. 0 B. 2 C. 3 D. 4

15. 下列数据中，有效数字为 4 位的是（　　　）。

A. $[H^+]=0.002mol/L$ B. pH＝10.34

C. $w=14.56\%$ D. $w=0.031\%$

16. 下列为三位有效数字的是（　　）。

A. 0.012　　　　　　B. 3.60　　　　　　C. pH＝3.52　　　　　D. 1.010

二、计算题

1. 含铁量为 34.36％的标准试样，某分析人员测得值为 34.18％，计算此次分析结果的绝对误差和相对误差。

2. 测定 $FeSO_4 \cdot 7H_2O$ 试样，得到铁的含量为 20.01％、20.03％、20.04％、20.05％。计算分析结果的平均值和相对平均偏差。

3. 某溶液经四次测定，其结果（mol/L）为 0.1016、0.1012、0.1014、0.1025。其中 0.1025 的误差较大，是否应该舍去？（$Q_{0.9}^4 ＝0.76$）

4. 某试样中铜含量的三次平行测定结果为 25.61％、25.13％、25.82％，用 Q 值检验法判断是否有可疑值应舍弃。（$P＝0.90$）

思维导图

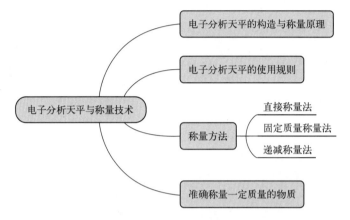

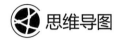 知识目标

1. 了解电子分析天平的构造原理与使用注意事项。
2. 掌握分析天平不同称量方法的称量步骤。

能力目标

1. 会正确使用分析天平。
2. 会规范记录称量数据。

职业素养目标

随着科学技术的发展，天平的设计和制造不断取得长足的进展。正是经过一代又一代人的不懈努力，经过技术的积累和提高，才有了今天各式各样的现代天平。通过了解分析天平型号的更新换代，理解创新研究的重要性，播下科学创新的种子。认识到创新是科技发展的生命力，在学习和将来的工作中保持创新意识，助力"中国制造"向"中国创造"转型。

通过严格遵循电子分析天平的正确操作流程，逐渐培养爱惜仪器、敬畏客观规律的意识。通过称量操作，训练一丝不苟的科学作风和精益求精的职业素养。

 **必备知识**

一、电子分析天平的构造与称量原理

天平是测定物体质量的计量仪器的总称，是化验室必备的常用仪器之一。充分了解仪器性能及熟练掌握其使用方法，是获得可靠分析结果的保证。随着科学技术的不断发展，天平的种类日益增多，目前常用电子分析天平（简称电子天平）。电子天平有即时称量、无需砝码、达到平衡快、直显读数、性能稳定、操作简便等特点。此外，电子天平还具有自动校正、自动去皮、超载显示、故障报警、信号输出及数据处理等功能。

一般分析天平的分度值为 0.1mg，即可称出 0.1mg 质量或分辨出 0.1mg 的差别。微量分析天平的分度值为 0.01mg，超微量分析天平的分度值更低，为 0.001mg。根据分度值的大小，有时也将它们分别称为万分之一天平、十万分之一天平和百万分之一天平。

分析化学实验室中，常用万分之一电子分析天平。万分之一电子分析天平能准确称量至 0.1mg，称量数值（单位为 g）显示到小数点后四位。市面上电子分析天平型号繁多，其主要区别在外观和面板上，功能和使用方法则大同小异。不同厂家、不同型号的万分之一电子天平外观不完全相同，但它们都有这样几个区域（见图 2-1），玻璃防风罩、不锈钢秤盘、多功能按键面板及液晶显示屏、水平气泡、水平调节脚。不同型号的天平，多功能按键面板上的按键不完全相同。要完成基本的称量，开关键和去皮键是一定会使用的按键。

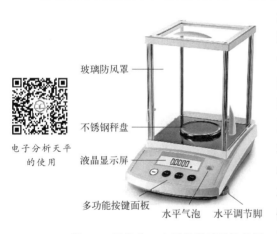

电子分析天平
的使用

图 2-1　万分之一电子分析天平结构图

电子天平的型号很多，可能具有不同的控制方式和电路结构，但其称量依据都是利用电磁力平衡原理。当天平空载时，电磁传感器处于平衡状态，加载后，由于重力的作用，秤盘垂直向下发生位移，触动电磁传感器，使电流通过与秤盘连着的感应线圈，产生一个向上的作用力，将秤盘托起，使电磁传感器重新回到平衡状态，当到达平衡时，流过线圈的电流所产生的电磁力的大小与加载后的重力相等。此时流过线圈的电流，经微处理器处理后，转变为加载物的质量，以数字信号的形式在显示屏上显示出来。

二、电子分析天平的使用规则

分析天平属于精密测量仪器，应置于稳定、坚固的工作台上，使用环境要求清洁、无尘、无强气流、无震动、周围无强磁场，以确保其达到设计的性能。使用时必须遵守如下规则。

① 在进行称量前，先检查天平的水平，观察水平气泡，如水平气泡偏移，需调整水平调节脚使水平气泡位于水平仪中心。

② 用小毛刷刷去天平秤盘上的灰尘。接通电源，开机预热 30min 后，再开始称量。

③ 天平的载荷量不得超过其最大负荷。

④ 开、关天平，放、取被称量物，开、关天平门等，都要轻缓，切不可用力按压、冲击天平秤盘，以免损坏天平。

⑤ 严禁将化学品直接放在天平秤盘上称量，对于过热或过冷的被称量物，应置于干燥器中直至其温度同天平室温度一致后才能进行称量。

⑥ 读数前必须关闭天平门，以免呼吸、空气流动影响称量结果的准确性。

⑦ 称量的数据应及时记录在实验记录本上，不要记在纸片上或其他地方，更不能凭记忆记录数据。

⑧ 同一个实验中，应尽量使用同一台天平。

⑨ 称量完毕，应及时取出被称物，清理天平秤盘和实验台面的残留物，将天平复原。

⑩ 在玻璃防风罩内放置变色硅胶干燥剂，当变色硅胶失效后应及时更换，注意保持天平、工作台和天平室的整洁和干燥。

⑪ 如果发现天平不正常，应及时报告，不要自行处理。实验结束后，关闭天平，拔掉电源，做好仪器使用登记。

三、称量方法

随着被称量物的性质和实验要求的不同，分析天平的称量方法也不一样。一般常用的方法有：直接称量法、固定质量称量法和递减称量法。

1. 直接称量法

此法用于称量物体的质量，例如称量小烧杯的质量、重量分析实验中称量坩埚的质量等。对于某些在空气中不易潮解或升华的固体试样也可用直接称量法，需放在容器中或称量纸上进行称量。直接称量法较简单，称量前按 去皮键 清零，直接将被称量物放在天平秤盘中央或容器内，关闭天平门，读数即可。

2. 固定质量称量法

此法也称增量法，用于称量某一固定质量的试剂或试样，适宜称量不易潮解、在空气中能稳定存在的粉末状或固体小颗粒样品。

在天平秤盘上放置一洁净干燥的小烧杯（或表面皿、称量纸），按 去皮键 键清零，显示 0.0000g 后，用药匙将试样慢慢地敲入到小烧杯（或表面皿、称量纸）中，直至天平读数显示所需质量为止，记录称量数据。

注意：若不慎加入试样的量超过指定质量，则应重新称量。从试剂瓶中取出的试剂一般不应放回原试剂瓶中，以免污染原试剂。操作时不能将试样散落于托盘上小烧杯（或表面皿、称量纸）以外的地方，称好的试样必须定量地直接转入下一步反应的容器中。

3. 递减称量法

此法又称减量法，适用于称量在空气中易吸水、易氧化或易与 CO_2 反应的试样。称量时需把试样放在称量瓶内，倒出一份试样前后两次称量之差，即为该份试样的质量。

从干燥器中取出称量瓶，将称量瓶置于天平秤盘上，关好天平门，称出称量瓶及试样的准确质量（也可按 去皮键 ，使其显示 0.0000g ）。再将称量瓶取出，在接收容器的上方，倾斜瓶身，用称量瓶盖轻敲瓶口使试样慢慢落入容器中，当敲落的试样接近所需量时，一边继续用瓶盖轻敲瓶口，一边逐渐将瓶身竖直，使黏附在瓶口上的试样落下，然后盖好瓶盖，把称量瓶放回天平秤盘上，准确称出其质量。两次称量之差，即为试样的质量（若前面按 去皮键 清零，则显示值即为试样质量，不管"－"号）。若一次差减称出的试样量未达到要求的质量范围，可重复相同的操作，直至合乎要求。按此方法连续递减，可称取多份试样。

注意：以上三种称量方法都不得用手直接拿取小烧杯、表面皿、称量纸、称量瓶等被称量物，常规做法是在称量前双手戴手套。

 **练习题**

一、选择题

1. 以下关于电子分析天平的使用中不正确的是（　　　）。

A. 将天平置于稳定的工作台上避免震动、气流及阳光照射

B. 使用前应调整水平仪气泡至中间位置

C. 使用前应开机预热 30min

D. 称量时，边门打开

2. 在万分之一电子分析天平上称量，下列数据记录正确的是（　　　）。

A. 0.405g　　　　　B. 0.4050g　　　　　C. 0.41g　　　　　D. 0.40501g

二、思考题

1. 用万分之一电子分析天平称量一称量瓶的质量时，天平液晶显示屏显示数字为 0.3450 ，记录该称量瓶的质量为 0.345g 。请问该数据记录有没有问题？存在什么问题？

2. 为什么不能用手直接拿取小烧杯、表面皿、称量纸、称量瓶等被称量物？

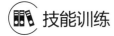 **技能训练**

准确称量一定质量的物质

【训练目的】

1. 会用直接称量法称量一物体的质量。

2. 会用固定质量称量法称量一定质量的试样。

3. 会用递减称量法在规定时间内称量一定质量的试样。

【原理】

电子天平是基于电磁力平衡原理来称量的天平，它将被称量物的质量产生的重力通过传感器转换成电信号来表示物质的质量。全部采用数字显示，自动调零，自动校准，自动扣除皮重，并安装超载保护装置，因此只需几秒钟就可显示称量结果，称量速度快。

【仪器与试剂】

仪器：万分之一电子分析天平（型号见实际使用的天平）、小烧杯、称量瓶、锥形瓶、药匙。

试剂：NaCl（分析纯）。

【操作步骤】

1. 用直接称量法称量一只称量瓶的质量

天平开机预热 30 分钟。按 去皮键 清零，显示 0.0000g 后，将称量瓶放在天平秤盘中央，关闭天平门，等读数稳定后记录读数。

2. 用固定质量称量法称量 2 份 0.25～0.30g 的 NaCl 固体

天平开机预热 30min。在天平秤盘上放置一洁净干燥的小烧杯（或表面皿、称量纸），按 去皮键 清零，显示 0.0000g 后，用药勺将试样慢慢地敲入到小烧杯（或表面皿、称量纸）中，直至天平读数显示所需质量为止，关闭天平门，等读数稳定后记录读数。

3. 用递减称量法称量 2 份 0.25～0.30g 的 NaCl 固体

天平开机预热 30min。按 去皮键 清零。从干燥器中取出称量瓶，将称量瓶置于天平秤盘上，关好天平门，称出称量瓶及试样的准确质量。再将称量瓶取出，在接收容器的上方，倾斜瓶身，用称量瓶盖轻敲瓶口使试样慢慢落入容器中，当敲落的试样接近所需量时，一边继续用瓶盖轻敲瓶口，一边逐渐将瓶身竖直，使黏附在瓶口上的试样落下，然后盖好瓶盖，把称量瓶放回天平秤盘上，准确称出其质量。两次称量之差，即为试样的质量。若一次差减称出的试样量未达到要求的质量范围，可重复相同的操作，直至合乎要求。

【注意事项】

1. 固定质量称量法主要用于称量稳定性较好的试样。递减称量法主要适用于易吸湿、易分解、易与空气中成分发生作用等稳定性较差试样的称量。

2. 调节天平水平气泡时遵循的规则：水平气泡偏向哪边，哪边就高；顺时针旋转水平调节脚——升高，逆时针旋转水平调节脚——降低。

3. 称量过程中放取物体后，天平门要及时关闭。不得在天平门打开的情况下称量、读数。

4. 同一个实验中，使用同一台天平称量。

5. 称量过程中注意保持天平内外的清洁。

滴定分析基本技术

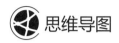 思维导图

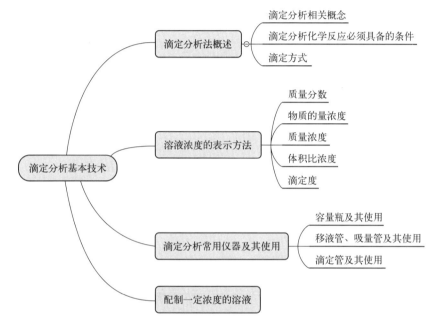

知识目标

1. 了解滴定分析相关术语的含义。

2. 了解滴定分析对化学反应的基本要求。

3. 了解不同的滴定方式。

4. 掌握各种不同浓度的含义。

能力目标

1. 会根据化学计量关系计算滴定分析中待测物质的含量。

2. 会计算质量分数、物质的量浓度。

3. 会正确使用容量瓶。

4. 会正确使用移液管和吸量管。

5. 会正确使用滴定管。

✳ 职业素养目标

通过溶液的配制及滴定分析仪器操作技术的学习，明白操作规范的重要性，进而理解在人生的任何一个方面，只有在遵守规范的前提下，人生才能更精彩。仪器的使用要做到规范、精准，要靠无数的重复练习。实验过程中培养一丝不苟、专注、坚持、创新的工匠精神，使严谨、专注、精益求精成为每个人的自觉追求，再融入学习的每一个环节，做知识型、技能型、创新型劳动者。

必备知识

一、滴定分析法概述

滴定分析法所需仪器简单、操作简便、测定快速、准确度较高，相对误差在 $-0.2\%\sim0.2\%$ 之间。通常用于测定常量组分（含量$\geqslant1\%$），在生产实际和科学研究中应用非常广泛。

1. 滴定分析相关概念

（1）滴定分析法 滴定分析法是以化学反应为基础的分析方法，它是将一种已知准确浓度的溶液通过滴定管滴加到待测组分的溶液中（或者将待测溶液加到已知准确浓度的溶液中），直到所加溶液和待测组分按一定的化学计量关系完全反应为止，然后根据标准溶液的浓度和所消耗的体积，计算待测组分含量的方法。

（2）标准溶液 已知准确浓度的溶液称为标准溶液。

（3）滴定 将一种溶液通过滴定管逐滴加到另一种溶液中的操作过程称为滴定。这两种溶液中一种是标准溶液，另一种是待测物质的溶液。

（4）理论终点 标准溶液与待测物质恰好按化学计量关系完全反应的这一点称为理论终点，也叫化学计量点。

（5）指示剂 一般来说，由于在化学计量点时，试液的外观并无明显变化，因此，需要加入适当的试剂，利用该试剂的颜色突变来判断理论终点的到达。为了观察和判断反应是否进行完全而加入的某种辅助试剂称为指示剂。

（6）滴定终点 指示剂发生颜色突变的转变点称为滴定终点。滴定分析中，也可借助仪器来确定滴定终点。如酸碱滴定中，可用 pH 计实时指示反应溶液的 pH 值来确定终点的到达。

（7）终点误差 滴定终点与化学计量点不一定恰好符合，两者之间的误差称为终点误差。

2. 滴定分析化学反应必须具备的条件

滴定分析是以化学反应为基础的分析方法，根据化学反应类型的不同，滴定分析法分为酸碱滴定法、氧化还原滴定法、沉淀滴定法和配位滴定法。并不是所有的化学反应都可直接用于滴定分析，能够用于直接滴定分析的化学反应必须具备下列条件。

① 滴定反应按确定的反应方程式进行，无副反应发生，反应定量而且进行的程度大于 99.9%，这是滴定分析法定量计算的基础。

② 反应能够迅速进行。对于不能瞬间完成的反应，采取加热或添加催化剂等措施能提高反应速率。

③ 有简便、可靠的确定终点的方法，如有合适的指示剂可供选择。

3. 滴定方式

（1）直接滴定 凡是能够满足滴定分析对化学反应要求的反应，都可以用标准溶液与被测物质溶液进行滴定，这类滴定方式就是直接滴定。此法简便、准确度高、计算简单，是滴定分析中最基本和最常用的滴定方式。如用盐酸标准溶液滴定氢氧化钠就属于直接滴定。当标准溶液与被测物质之间的反应不符合滴定分析对化学反应的要求时，可根据情况采用其他几种方式进行滴定。

滴定方式

（2）返滴定　在待测试液中准确加入适当过量的一种标准溶液，待反应完全后，再用另一种标准溶液滴定剩余的第一种标准溶液。例如，在酸性溶液中，用 $AgNO_3$ 标准溶液滴定 Cl^- 时，若缺乏合适的指示剂，可先加过量 $AgNO_3$ 标准溶液，再以三价铁盐作指示剂，用 NH_4SCN 标准溶液返滴定过量的 Ag^+，出现 $[Fe(SCN)]^{2+}$ 的淡红色即为终点。反应式如下：

$$Cl^-（待测物）+Ag^+（过量）=\!=\!=AgCl\downarrow$$

$$Ag^+（剩余）+SCN^-=\!=\!=AgSCN\downarrow$$

$$Fe^{3+}+SCN^-=\!=\!=[Fe(SCN)]^{2+}$$

返滴定的特点：用于反应速率慢或反应物是固体，加入滴定剂后不能立即定量反应或没有适当指示剂的滴定反应。

（3）置换滴定　对于不按确定的化学反应式进行的反应，可先用适当试剂与被测物质反应，使其定量置换出另一种生成物，再用标准溶液滴定此生成物。例如，$Na_2S_2O_3$ 不能直接滴定 $K_2Cr_2O_7$ 及其它强氧化剂，因为强氧化剂将 $S_2O_3^{2-}$ 氧化的产物不确定。但是，可以在酸性 $K_2Cr_2O_7$ 溶液中加入过量 KI 溶液，置换出一定量的 I_2，再用 $Na_2S_2O_3$ 标准溶液滴定生成的 I_2。其反应式如下：

$$Cr_2O_7^{2-}+6I^-+14H^+=\!=\!=3I_2+2Cr^{3+}+7H_2O$$

$$I_2+2Na_2S_2O_3=\!=\!=2NaI+Na_2S_4O_6$$

（4）间接滴定　当待测组分不能与标准溶液直接反应时，可以通过一定的反应将待测组分转化为可以被滴定的物质，再用适当的标准溶液进行滴定。例如，Ca^{2+} 既不能直接用酸或碱滴定，也不能直接用氧化剂或还原剂滴定，但可采用间接滴定方式测定。先利用 $C_2O_4^{2-}$ 使其沉淀为 CaC_2O_4，经过滤、洗涤、硫酸溶解后，即可用高锰酸钾标准溶液滴定 $C_2O_4^{2-}$，间接测得 Ca^{2+} 的含量。反应式如下：

$$Ca^{2+}+C_2O_4^{2-}=\!=\!=CaC_2O_4\downarrow$$

$$CaC_2O_4+H_2SO_4=\!=\!=CaSO_4+H_2C_2O_4$$

$$2MnO_4^-+5C_2O_4^{2-}+16H^+=\!=\!=2Mn^{2+}+10CO_2\uparrow+8H_2O$$

二、溶液浓度的表示方法

溶液是一种或几种物质以分子或离子状态均匀地分散在另一种物质中得到的分散系。一般把量少的称为溶质，量多的称为溶剂。水是最常见的溶剂，水溶液也简称为溶液。不指明溶剂的溶液一般指水溶液。

在分析实验室中，经常要配制各种浓度的溶液以满足分析检验工作的需要。溶液的浓度是指在一定量的溶液中所含溶质的量。溶液浓度有多种表示方法，常用的有质量分数、物质的量浓度等。

1．质量分数

溶液中物质 B 的质量（m_B）与溶液质量（m）之比叫作物质 B 的质量分数，用 w 表示。质量分数无量纲，常用百分数表示。如 98% 的浓硫酸溶液，表示 100g 浓硫酸中有 98g 的 H_2SO_4。

【例 3-1】 将 10g NaCl 溶于 100g 水，则其质量分数为：

$$w = \frac{10}{10+100} \times 100\% = 9.1\%$$

2．物质的量浓度

物质 B 的物质的量浓度，是指单位体积溶液中所含溶质 B 的物质的量，用符号 c_B，常用单位为 mol/L。

$$c_B = \frac{n_B}{V}$$

式中，n_B 为溶质 B 的物质的量，mol；V 为溶液的体积，dm^3 或 L。

物质的量及
相关概念

【例 3-2】 将 58.5g NaCl 溶于水中，然后稀释到 1.00L。则 NaCl 溶液的物质的量浓度为：

$$c = \frac{n}{V} = \frac{m}{MV} = \frac{58.5}{58.5 \times 1.00} = 1.00 (mol/L)$$

凡涉及物质的量浓度时必须指明基本单元。例如，同一 $KMnO_4$ 溶液，$c\left(\frac{1}{5}KMnO_4\right) = 0.1mol/L$，则

物质的量浓度

$$c(KMnO_4) = \frac{1}{5} \times 0.1 = 0.02 (mol/L)$$

3．质量浓度

用单位体积溶液中溶质 B 的质量表示溶液的浓度称为质量浓度，表达式为：

$$\rho_B = \frac{m_B}{V}$$

常用单位为 g/L，也可用 mg/L、$\mu g/L$ 或 %（即 100mL 溶液中所含溶质 B 的质量，g）。质量浓度在临床生物化学检测和环境检测中应用广泛。例如，0.9% 生理盐水表示 NaCl 浓度为 0.9g/100mL，5% 的葡萄糖注射液表示葡萄糖浓度为 5g/100mL。

4．体积比浓度

体积比是指 A 体积液体和 B 体积溶剂相混合的体积比，表示液体试剂相混合或用水稀释而成的浓度，常以（$V_A + V_B$）或者（$V_A : V_B$）表示。如硝酸溶液（5+95），表示量取 5mL 硝酸和 95mL 水混匀后的溶液。

5．滴定度

滴定度（T）是标准溶液浓度的一种表示方法，多用于生产单位的例行分析中。滴定度是指每毫升滴定剂相当于待测物质的质量。例如，$T(Fe/K_2Cr_2O_7) = 0.005482g/mL$，

表示与 1mL 该 $K_2Cr_2O_7$ 标准溶液反应的 Fe 为 0.005482g。若滴定中消耗 $K_2Cr_2O_7$ 标准溶液 V（mL），则样品中铁的质量 $m(\text{Fe})=TV$。

三、滴定分析常用仪器及其使用

容量瓶的使用

1. 容量瓶及其使用

容量瓶是一种细颈梨形的平底玻璃瓶，带有磨口玻璃塞。颈上有标度刻线，一般表示在 20℃时液体到达标度刻线时的容积。常见的规格有 10mL、25mL、50mL、100mL、250mL、500mL、1000mL 等。

容量瓶用于配制标准溶液和试样溶液。正确使用容量瓶，必须做到以下几点。

（1）检验瓶塞是否漏水　检查瓶塞是否漏水的方法如下：加自来水至标度刻线附近，盖好瓶塞后，左手用食指按住塞子，其余手指拿住瓶颈标度刻线以上部分，右手用指尖托住瓶底边缘，将瓶倒立 2min，如不漏水，将瓶直立，转动瓶塞 180°后，再倒立 2min 检查，如不漏水，方可使用。

（2）检查标度刻线位置距离瓶口是否太近　如果瓶塞漏水或标度刻线离瓶口太近（不便混匀溶液），则不宜使用。

（3）固定瓶塞　使用容量瓶时，不要将其玻璃磨口塞随便取下放在桌面上，以免沾污或搞错，可用橡皮筋或细绳将瓶塞系在瓶颈上。当使用平顶的塑料塞子时，操作时也可将塞子倒置在桌面上放置。

（4）正确洗涤　用洗涤剂水浸泡、自来水冲净、蒸馏水润洗干净。

（5）容量瓶不宜长期保存试剂溶液　配好的溶液需保存时，应转移至磨口试剂瓶中，不要将容量瓶当作试剂瓶使用。

（6）容量瓶使用完毕应立即用水冲洗干净　如长期不用，磨口处应洗净擦干，并用纸片将磨口隔开。

（7）容量瓶不得在烘箱中烘烤，也不能在电炉等加热器上直接加热　如需使用干燥的容量瓶时，可将容量瓶洗净后，用乙醇等有机溶剂荡洗后晾干或用电吹风的冷风吹干。

配制溶液包括以下步骤：

① 称量　用万分之一分析天平称量所需质量的溶质并置于小烧杯中。

② 溶解　加适量水或其他溶剂将固体溶解。

③ 转移　定量转移溶液时，用右手拿玻璃棒，左手拿烧杯，使烧杯嘴紧靠玻璃棒一端，而玻璃棒另一端则悬空伸入容量瓶口中，玻璃棒的下端应靠在瓶颈内壁上，使溶液沿玻璃棒和内壁流入容量瓶中，如图 3-1 所示。烧杯中溶液流完后，将玻璃棒和烧杯稍微向上提起，并使烧杯直立，再将玻璃棒放回烧杯中。然后，用洗瓶吹洗玻璃棒和烧杯内壁，再将溶液定量转入容量瓶中。如此吹洗、转移溶液的操作，一般应重复四至五次以上，以保证定量转移。

④ 定容　然后加水至容量瓶的四分之三左右容积时，用右手食指和中指夹住瓶颈，将容量瓶拿起，按同一方向摇动几周，使溶液初步混匀。继续加水至距离标度刻线约 1cm 处后，等 1~2min，使附在瓶颈内壁的溶液流下后，再用细而长的滴管滴加水至弯

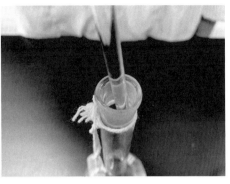

图 3-1　往容量瓶转移溶液示意图

月面下缘与标度刻线相切（注意，勿使滴管接触溶液）。

⑤ 混匀　当加水至容量瓶的标度刻线时，盖上干的瓶塞，用左手食指按住塞子，其余手指拿住瓶颈标度刻线以上部分，用右手的全部指尖托住瓶底边缘。然后将容量瓶倒转，使气泡上升到顶，振荡混匀溶液。将瓶直立过来，又再将瓶倒转，使气泡上升到顶部，振荡溶液。如此反复 10 次左右。

如用容量瓶稀释溶液，则用移液管（或吸量管）移取一定体积的溶液于容量瓶中，加水至标度刻线。按前述方法操作。

2．移液管、吸量管及其使用

移液管和吸量管的使用

分析化学中需要准确移取一定体积的液体时，需要用移液管或吸量管。

移液管中间为膨大部分，管颈上部刻有一标线，膨大部分标有它的容积和标定时的温度，常见的规格有 10mL、20mL、25mL、50mL 等。特别要注意的是，移液管的标线是一环状细线，不是最顶端的那部分，那里只是容量标记。吸量管的全称是分度吸量管，是具有分度线的量出式玻璃量器，它和移液管的差别是可以移取不同体积的溶液，它一般只用于量取小体积的溶液，常见的规格有 1mL、2mL、5mL、10mL、25mL 等。吸量管吸取溶液的准确度不如移液管。

移液管和吸量管的使用方法大体相同，包含以下几个步骤。

(1) 洗涤　洗涤前应先检查移液管的上口及排液嘴，必须光滑完整。移液管和吸量管不能用毛刷刷洗内部，可用洗液浸泡、自来水冲净、纯水润洗 3 遍。用左手持洗耳球，将食指或拇指放在洗耳球的上方，其余手指自然地握住洗耳球，用右手的拇指和中指拿住移液管或吸量管标线以上的部分，无名指和小指辅助拿住移液管，将洗耳球对准移液管口（先把洗耳球内空气压出，再紧插在管口上），将管尖深入水中吸取，待吸至膨大部分的四分之一处时，移出、润洗、弃去。如此反复润洗 3 次，润洗过的水应从尖口放出、弃去。顽固油渍可用铬酸洗液洗涤。铬酸洗液由重铬酸钾和浓硫酸配制而成，具有强腐蚀性，使用时需做好防护，千万不能接触皮肤、眼睛、衣服。让铬酸洗液和移液管内壁充分接触后，将铬酸洗液倒回原瓶回收再使用，用纯水将移液管洗净备用。重铬酸钾有毒，对环境有污染，用纯水洗涤移液管产生的含有重铬酸钾的废水不可倒入水池中，需专门收集处理。

（2）**待移液润洗** 移取溶液前，用滤纸将尖端内外的水除去，然后用待移取的溶液将移液管润洗 3 次，润洗过的溶液应从尖口放出，弃去。待移液润洗移液管和纯水润洗移液管操作相同，注意勿使溶液流回，以免稀释溶液。

（3）**移液** 将移液管插入液面以下 1～2cm 深度，边吸溶液边向下移移液管，管内不能有气泡。管尖不应伸入太浅，以免液面下降后造成吸空；也不应伸入太深，以免移液管外部附有过多的溶液。吸液时，应注意容器中液面和管尖的位置，应使管尖随液面下降而下降。当洗耳球慢慢放松时，管中的液面徐徐上升，当液面上升至标线以上时，迅速移去洗耳球。与此同时，用右手食指堵住管口，左手改拿盛待移液的容器。然后，将移液管往上提起，使之离开液面。

（4）**调节液面** 调节液面前，用滤纸轻擦去移液管外部下端的溶液。然后使容器倾斜成约 30°，其内壁与移液管尖紧贴，此时右手食指微微松动，使液面缓慢下降，直到眼睛平视时弯月面最下端与标线相切，这时立即用食指按紧管口。

（5）**放液** 移开待移液容器，左手改拿接收溶液的容器，并将接收容器倾斜成 30°左右，使内壁紧贴移液管尖。然后放松右手食指，使溶液自然地顺壁流下。待液面下降到管尖后，等 15s 左右，再将移液管取出。

这时，尚可见管尖部位仍留有少量溶液，对此，除特别注明"吹"字的以外，一般此管尖部位留存的溶液是不能吹入接收容器中的，因为在工厂生产检定移液管时没有把这部分体积算进去。

用吸量管移取溶液时，操作大体与上述相同。不同的地方在于用吸量管时，总是使液面从最高刻度线落到另一分度线，使两分度线间的体积刚好等于所需体积。例如，用 5 毫升的吸量管移取 4 毫升的溶液，应将溶液液面调至与最高刻度线相切，放出 4 毫升溶液，弃去 1 毫升。同一实验中，要尽量使用同一支吸量管，且尽量使用吸量管上部分而不采用末端收缩部分，以减小误差。

移液管和吸量管的使用中移液、调节液面、放液的操作需特别注意规范，不可随意。移液管用完后，应放在移液管架上。

3. 滴定管及其使用

滴定管是滴定时可以准确测量滴定剂消耗体积的玻璃仪器，它是一根具有精密刻度，内径均匀的细长玻璃管，可连续地根据需要放出不同体积的液体，并能够准确读出液体体积。滴定管有多种规格，常量分析中比较常用的是 25mL 和 50mL 的，最小刻度为 0.1mL，读数可估计到 0.01mL。

滴定管的使用

它的上部为带刻度的细长玻璃管，下部为滴液的尖嘴。滴定管分为酸式滴定管、碱式滴定管和两用滴定管三种。酸式滴定管下端是玻璃旋塞，可用来装酸性、中性及氧化性溶液，但不宜装碱性溶液，因为碱性溶液能腐蚀玻璃磨口和旋塞。碱式滴定管下端是一段乳胶管，里面有一玻璃珠，用来装碱性及无氧化性溶液。能与乳胶管起反应的溶液，如高锰酸钾、碘和硝酸银溶液，不能加入碱式滴定管中。两用滴定管下端是聚四氟乙烯旋塞，可以装入酸性溶液、碱性溶液或氧化性溶液。目前，两用滴定管用得较多。两用滴定管的使用步骤如下：

（1）**检漏** 选择管口、管尖无破损的滴定管，装水至零刻度以上，并夹在滴定管夹上，静置几分钟，观察是否漏水。再将活塞旋转 $180°$，静置几分钟，观察是否漏水。带聚四氟乙烯旋塞的两用滴定管，可通过调节螺丝控制松紧。

（2）**洗涤** 滴定管一般用自来水冲洗，零刻度线以上部位可用毛刷刷洗，零刻度线以下部位如不干净，可采用铬酸洗液洗，最后用自来水、纯水洗净。洗净后的滴定管内壁应被水均匀润湿而不挂水珠。

（3）**待装液润洗** 将待装的溶液摇匀，并注意使凝结在容器内壁上的水珠混入溶液，用待装溶液润洗滴定管内壁 3 遍，每次用 $10\sim15mL$，保证滴定管内的标准溶液不被稀释。

（4）**装液** 将待装溶液直接倒入滴定管中，直至充满至零刻度线以上为止。

（5）**赶气泡** 检查尖嘴部分是否有气泡，若有气泡，右手拿滴定管上部无刻度处，左手迅速打开旋塞，使溶液冲出管口，将气泡赶出。如不能顺利赶出气泡，可稍稍倾斜滴定管，打开旋塞。排完气泡后，补加溶液至零刻度线以上。

碱式滴定管加入标准溶液后，如下端尖嘴玻璃管中有气泡，可将橡皮管向上弯曲，用左手拇指和食指捏住玻璃珠的右上方，向右上方轻挤乳胶管，气泡即可排出。

（6）**调零** 调整凹液面最下端与零刻度线相平，初读数为"0.00mL"。将滴定管夹在滴定管夹右侧，备用。平行滴定时，每一次也都从 0.00mL 开始滴定。

（7）**滴定** 旋塞柄向右，左手从滴定管后向右伸出，拇指在滴定管前，食指及中指在管后，三指平行地轻轻拿住旋塞柄。注意不要向外用力，以免推出旋塞造成漏水，而应使旋塞稍有向手心的力。

图 3-2 滴定操作

右手拇指、食指和中指抓住锥形瓶颈部，其余两指辅助在下侧，使瓶底离滴定台高 $2\sim3cm$，滴定管的管尖深入锥形瓶内约 $1cm$（见图 3-2）。滴定时要边滴边摇动锥形瓶，使滴定剂与被滴物迅速反应。左手控制滴定管滴加溶液，右手按顺时针方向摇动锥形瓶。右手摇瓶时，应微动腕关节，使溶液向同一方向旋转，不能前后振动，以免溶液溅出。摇瓶速度以使溶液出现漩涡为宜。摇得太慢，会影响化学反应的进行；摇得太快，易致溶液溅出或碰坏滴嘴。

滴定操作中，与滴定管配套使用的可以是锥形瓶，也可以是烧杯。在烧杯中进行滴定时，使滴定管下端伸入烧杯内 $1cm$ 左右，不要碰到烧杯壁。右手持玻璃棒搅拌溶液，在左手滴加溶液的同时，玻璃棒应作圆周运动进行搅拌，但不得碰到烧杯壁和杯底。也可以用磁力搅拌器进行搅拌。

（8）**读数** 当瓶内颜色恰好发生转变时，停止滴定，关闭旋塞。静置 $1\sim2min$ 后，将滴定管从滴定管夹上取下，用右手大拇指和食指捏住滴定管上部，使滴定管自然垂直，然后读数。将滴定管夹在滴定管夹上读数的方法一般不宜采用，因为这样很难保证滴定管垂直和准确读数。无色或浅色溶液读弯月面最低点时，视线应与弯月面下缘最低点水平相切。对于有色溶液，其弯月面不够清晰，读数时，视线应与液面两侧的最高点相切，这样才较易读准。

注意在每次读数前，都看一下管壁上有没有挂水珠，管的尖嘴处有无悬液滴，管嘴内有无气泡。读数时必须读至 0.01mL，25mL、50mL 滴定管上两个小刻度之间为 0.1mL，要正确估读其十分之一的值。一般可以这样来估读，当液面在两个小刻度中间时，读 0.05mL；若液面在两小刻度之间的三分之一处时，可读 0.03mL 或 0.07mL；当液面在两小刻度之间的五分之一时，即为 0.02mL 或 0.08mL；等等。

滴定操作要注意以下事项：

① 滴定时，最好每次都从 0.00mL 开始，这样可以减少滴定误差。

② 滴定时，左手不能离开旋塞，不能任溶液自由流下。左手要随着瓶内局部颜色的变化调整滴定的速度。

③ 摇瓶时，应转动腕关节，使溶液向同一方向旋转。不能前后振动，以免溶液溅出。摇动还要有一定的速度，一定要使溶液旋转出现一个漩涡，不能摇得太慢，影响化学反应的进行。

④ 滴定过程中，要注意观察滴落点周围颜色的变化。不要去看滴定管内液面刻度变化，而不顾滴定反应的进行。

⑤ 滴定速度控制包括连续滴加、间隔滴加、半滴滴加三种。

连续滴加：开始可稍快，呈"见滴成线"，注意不能速度太快而滴成"水线"。

间隔滴加：接近终点时，应改为一滴一滴的加入，即加一滴摇几下，再加再摇。

半滴滴加：最后是加半滴，可轻轻转动旋塞，使溶液悬挂在管嘴上，形成半滴，用锥形瓶内壁将其沾落，再用洗瓶吹洗，摇几下锥形瓶，直至溶液出现明显的颜色。滴入半滴溶液时，也可采用倾斜锥形瓶的方法，将附于壁上的溶液涮至瓶中，这样可以避免吹洗次数太多，造成被滴物过度稀释。

 练习题

一、选择题

1. 物质的量的单位是（　　）。

  A. g　　　　　　B. kg　　　　　　C. mol　　　　　　D. mol/L

2. 将 34.2g $Al_2(SO_4)_3$（$M=342g/mol$）溶解后配制成 1L 水溶液，则此溶液中 SO_4^{2-} 的总浓度是（　　）。

  A. 0.02mol/L　　B. 0.03mol/L　　C. 0.2mol/L　　D. 0.3mol/L

3. H_2SO_4（1+5）这种体积比浓度表示的含义是（　　）。

  A. 水和浓 H_2SO_4 的体积比为 1:6　　　B. 水和浓 H_2SO_4 的体积比为 1:5

  C. 浓 H_2SO_4 和水的体积比为 1:5　　　D. 浓 H_2SO_4 和水的体积比为 1:6

4. 欲配制 1000mL 0.1mol/L HCl 溶液，应取浓度为 12mol/L 的浓盐酸（　　）。

  A. 0.84mL　　　B. 8.3mL　　　　C. 1.2mL　　　　D. 12mL

5. 使用移液管吸取溶液时，应将其下口插入液面以下（　　）。

A. $0.5\sim1cm$ B. $5\sim6cm$ C. $1\sim2cm$ D. $7\sim8cm$

6. 放出移液管中的溶液时，当液面降至管尖后，应等待（　　）以上。

A. 5s B. 10s C. 15s D. 20s

7. 在滴定管上读取消耗滴定液的体积，下列记录正确的是（　　）。

A. 20.1mL B. 20.10mL C. 20mL D. 20.100mL

8. 在记录滴定管读数时，应记录至小数点后（　　）位。

A. 1 B. 2 C. 3 D. 4

9. 下列仪器中，使用前需用所装溶液润洗的是（　　）。

A. 容量瓶 B. 移液管 C. 量筒 D. 锥形瓶

10. 下列滴定分析操作中，规范的操作是（　　）。

A. 滴定之前，用待装标准溶液润洗滴定管三次

B. 滴定时摇动锥形瓶有少量溶液溅出

C. 在滴定前，锥形瓶应用待测液润洗三次

D. 滴定管加溶液液面距离零刻度1cm时，用滴管加溶液至溶液弯月面最下端与零刻度相切

11. 下面移液管的使用正确的是（　　）。

A. 一般不必吹出残留液 B. 用蒸馏水润洗后即可移液

C. 用后洗净，加热烘干后即可再用 D. 移液管只能粗略地量取一定量液体体积

12. 有关滴定管的使用错误的是（　　）。

A. 使用前应洗干净，并检漏

B. 滴定前应保证尖嘴部分无气泡

C. 要求较高时，要进行体积校正

D. 为保证标准溶液浓度不变，使用前可加热烘干

13. 滴定管读数误差为±0.02mL，甲滴定时用去标准溶液0.20mL，乙用去25.00mL，则（　　）。

A. 甲的相对误差更大 B. 乙的相对误差更大

C. 甲、乙具有相同的相对误差 D. 不能确定

二、计算题

1. 配制0.1mol/L的NaOH溶液500mL，需称取固体NaOH多少g？（NaOH的摩尔质量为40g/mol）

2. 37%浓盐酸（密度为$1.19g/cm^3$）的物质的量浓度是多少？

3. 配制250mL的0.1mol/L的盐酸溶液，需用浓盐酸（质量分数为37%，密度为$1.19g/cm^3$）多少毫升？（盐酸的摩尔质量为36.5g/mol）

4. 准确称取基准物质NaCl 1.1968g，先加少量蒸馏水溶解，再转移至200mL容量瓶中，稀释到刻度，摇匀。请问此标准溶液的准确浓度是多少？（NaCl的摩尔质量为58.44g/mol）

5. 要配制300mL 3mol/L的硫酸溶液，请问需要量取质量分数为98%，密度为1.84g/mL的浓硫酸多少毫升进行稀释？（H_2SO_4的摩尔质量为98g/mol）

三、思考题

进行滴定分析时，下列操作是否正确，并说明理由。

1. 滴定管用自来水洗净后，再用蒸馏水润洗 3 遍，装入标准溶液准备滴定。

2. 移液管用蒸馏水润洗后，又用待装液润洗 3 遍。

3. 锥形瓶用蒸馏水润洗后，用待装液润洗 3 遍。

技能训练

配制一定浓度的溶液

【训练目的】

1. 了解基准物质必须具备的条件。

2. 会配制一般浓度的溶液。

3. 会用直接法配制标准溶液。

【原理】

分析化验中常用到各种各样的试剂溶液，如常用的酸、碱溶液，标准溶液，指示剂溶液，缓冲溶液。由于化学试剂的性质不同，对溶液浓度的准确度要求不同，所以配制方法、操作要求也各不相同。根据对溶液浓度准确性的要求不同，常将分析化学中的溶液分为两种，一种是浓度准确已知的溶液，叫标准溶液；另一种是一般浓度的溶液。标准溶液浓度要求准确，在滴定分析中通常要求表示成四位有效数字。标准溶液的配制方法有直接法和间接法两种。

1. 直接法配制

准确称取一定量的基准物质，溶于适量水后，定量转移至一定体积的容量瓶中，用水稀释至刻度，根据称取基准物质的质量和溶液的体积，计算出该标准溶液的准确浓度。这种配制标准溶液的方法称为直接法。基准物质（表 3-1）必须具备以下条件：

（1）纯度高。一般要求在 99.9% 以上，杂质含量应少到不影响分析结果的准确度。

（2）组成恒定。试剂的化学组成应与它的化学式完全相符。若含结晶水，结晶水的含量也应与化学式完全相符。

（3）性质稳定。在空气中不吸湿，加热干燥时不分解，不与空气中的二氧化碳、氧气等作用。

（4）具有较大的摩尔质量，以减少称量时的相对误差。

表 3-1 滴定分析常用的基准物质

名称	化学式	干燥方法	干燥后组成	标定对象
硼砂	$Na_2B_4O_7 \cdot 10H_2O$	装有氯化钠和蔗糖饱和溶液的干燥器	$Na_2B_4O_7 \cdot 10H_2O$	酸
碳酸钠	$Na_2CO_3 \cdot 10H_2O$	$270 \sim 300℃$	Na_2CO_3	酸
邻苯二甲酸氢钾	$KHC_8H_4O_4$	$110 \sim 120℃$ 干燥 $1 \sim 2h$	$KHC_8H_4O_4$	碱

名称	化学式	干燥方法	干燥后组成	标定对象
氯化钠	NaCl	500～650℃ 干燥 40～45min	NaCl	硝酸银
重铬酸钾	$K_2Cr_2O_7$	100～110℃ 干燥 3～4h	$K_2Cr_2O_7$	还原剂
草酸钠	$Na_2C_2O_4$	130～140℃ 干燥 1～1.5h	$Na_2C_2O_4$	高锰酸钾
氧化锌	ZnO	800～900℃ 干燥 2～3h	ZnO	EDTA
锌	Zn	室温、干燥器	Zn	EDTA

2. 间接法配制

间接法又称标定法。实际工作中，许多化学试剂不符合基准物质条件，如固体 NaOH，容易吸收空气中的水分和 CO_2，因此称得的质量不能代表其纯净物的质量。对于这类物质，可先大致配制成接近所需浓度的溶液，再用基准物质或另一种标准溶液来确定它的准确浓度，这一过程称为标定。

要注意的是，间接法配制和直接法配制所使用的仪器在精密度上有差别。直接法配制时需用万分之一分析天平、容量瓶等，间接法配制只需托盘天平、量筒、烧杯等。

【仪器与试剂】

仪器：台秤、烧杯、玻璃棒、试剂瓶、量筒、万分之一分析天平、容量瓶。

试剂：氢氧化钠（分析纯）、浓盐酸、邻苯二甲酸氢钾（分析纯）。

【操作步骤】

1. 配制 200mL 0.1mol/L 的 NaOH 溶液

根据体积和浓度计算所需氢氧化钠的质量。在台秤上称量 0.8g 氢氧化钠固体，直接称量在 250mL 烧杯中。用量筒量取 200mL 蒸馏水，加入烧杯中，将氢氧化钠固体溶解。将溶液转移到试剂瓶中。在试剂瓶上贴上制作好的标签（溶液名称、浓度、配制时间）。

2. 配制 200mL 0.1mol/L 的盐酸溶液

根据浓度和体积计算所需浓盐酸的体积。在 250mL 的烧杯中先装入 200mL 的水，取稍多于计算量的浓盐酸倒入烧杯中，搅拌。将溶液转移到试剂瓶中。在试剂瓶上贴上制作好的标签（溶液名称、浓度、配制时间）。

3. 配制 200mL 0.1mol/L 邻苯二甲酸氢钾标准溶液

根据浓度和体积计算所需邻苯二甲酸氢钾的质量。准确称取于 105～110℃ 烘箱中干燥至恒重的基准试剂邻苯二甲酸氢钾，先加少量水溶解，然后完全转移至 200mL 容量瓶中，定容至刻度。将溶液转移到试剂瓶中，在试剂瓶上贴上制作好的标签（溶液名称、浓度、配制时间）。

直接法配制的标准溶液浓度需根据准确称量的质量与配制体积计算得出。标准溶液的浓度通常保留 4 位有效数字。计算公式如下：

$$c = \frac{m}{MV \times 10^{-3}}$$

式中　c——邻苯二甲酸氢钾溶液物质的量浓度，mol/L；

$\quad\quad\quad m$——邻苯二甲酸氢钾基准物质的质量，g；

$\quad\quad\quad M$——邻苯二甲酸氢钾的摩尔质量，g/mol；

$\quad\quad\quad V$——溶液的体积，mL。

【注意事项】

1. 氢氧化钠是强碱，具有强烈的腐蚀性。操作时注意防护，佩戴护目镜和耐酸碱的手套，避免接触皮肤、眼睛及衣服。

2. 浓盐酸具有强挥发性，取用时需在通风橱中进行。

| 溶液配制中的计算 | 配制一定浓度的溶液 | 配制一般浓度的溶液 | 直接法配制标准溶液 | 配制稀硫酸溶液 |

项目四
酸碱滴定技术

思维导图

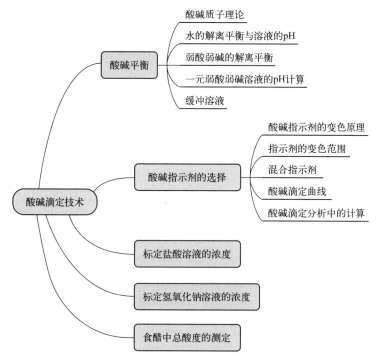

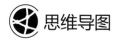知识目标

1. 了解酸碱质子理论对酸和碱的定义。
2. 掌握酸碱指示剂的变色原理。
3. 掌握滴定法的基本原理。

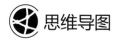能力目标

1. 会应用酸碱质子理论分辨酸和碱。
2. 会计算一元弱酸、弱碱溶液的 pH。
3. 会根据实验需要选择及配制缓冲溶液。
4. 能正确选择酸碱指示剂指示滴定终点。

✹ 职业素养目标

通过学习酸碱指示剂知识，了解酸碱指示剂的由来，培养善于观察、勤于思考、勇于探索的精神。科学源于生活，通过对生活中实际样品的检测，培养追求真知、热爱科学、追求真理的精神。

在酸碱滴定中，滴定突跃范围的决定性因素只有 $0.04mL$ 滴定剂，最大允许误差仅在一滴溶液之间。只有精益求精，才能不断接近滴定终点。作为新时代的中国青年，应发扬并传承"工匠精神"，在一点一滴中秉持严谨求是的科学态度，坚持踏实细致的工作作风。

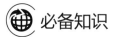 必备知识

一、酸碱平衡

1. 酸碱质子理论

人们对酸碱的认识经历了一个由浅入深，由低级到高级的过程。1887 年瑞典科学家阿伦尼乌斯提出了酸碱电离理论，1923 年丹麦化学家布朗斯特和英国化学家劳里同时独立地提出了酸碱质子理论，同一年，路易斯提出了酸碱电子理论。

酸碱质子理论认为：在化学反应中，凡是能给出质子（H^+）的物质（包括分子或离子）是酸，如 HAc、HCl、$H_2PO_4^-$、H_2CO_3；凡是能接受质子的物质（包括分子或离子）是碱，如 NH_3、PO_4^{3-}、Cl^-、OH^-。酸碱的对应关系可表示如下：

$$酸 \Longrightarrow H^+ + 碱$$
$$HAc \Longrightarrow H^+ + Ac^-$$
$$NH_4^+ \Longrightarrow H^+ + NH_3$$
$$H_2CO_3 \Longrightarrow H^+ + HCO_3^-$$
$$HCO_3^- \Longrightarrow H^+ + CO_3^{2-}$$

酸碱质子理论

上述半反应中的 HCO_3^- 在某一半反应中是酸，而在另一半反应中是碱。这种既可以接受质子又可给出质子的物质称为两性物质。H_2O、$H_2PO_4^-$、HPO_4^{2-} 也是两性物质。

酸和碱不是孤立存在的，酸给出质子后变成碱，碱接受质子后变成酸，这种化学式上仅差一个质子的一对酸碱称为共轭酸碱对。如 H_2CO_3 是 HCO_3^- 的共轭酸，HCO_3^- 是 H_2CO_3 的共轭碱。

酸碱质子理论中，酸碱的强弱主要表现为酸碱在溶剂中给出或接受质子能力的大小。物质酸碱性的强弱与其本身性质有关，还与溶剂的性质密切相关。同一种物质在不同的溶剂中由于溶剂接受或给出质子的能力不同而显示不同的酸碱性。如 HAc 在液氨中呈强酸性，而在水中却显弱酸性。因此，比较不同物质酸碱性的强弱，应在同一溶剂中进行。

酸碱反应总是由较强的酸和较强的碱作用，向着生成较弱的酸和较弱的碱的方向进行。相互作用的酸和碱越强，反应进行得越完全。

酸碱质子理论认为，酸碱反应的实质是两对共轭酸碱对之间传递质子的反应，物质的酸碱性表现为给出或接受质子的能力。酸碱强度是相对的，酸越容易给出质子，其共轭碱接受质子的能力越弱，即碱性越弱；碱接受质子的能力越强，其共轭酸给出质子的能力越弱，即酸性越弱。例如 NH_3 与 HCl 之间的酸碱反应：

半反应 1　　$HCl(酸 1) \Longrightarrow H^+ + Cl^-(碱 1)$

半反应 2　　$NH_3(碱 2) + H^+ \Longrightarrow NH_4^+(酸 2)$

总反应　　$HCl(酸 1) + NH_3(碱 2) \Longrightarrow NH_4^+(酸 2) + Cl^-(碱 1)$

2. 水的解离平衡与溶液的 pH

根据酸碱质子理论，水是一种酸碱两性物质，既可以给出质子，又可以接受质子。水分子之间能够发生质子的传递反应，称为水的质子自递反应，也称为水的解离平衡。反应方程式如下：

$$H_2O(l) + H_2O(l) \rightleftharpoons H_3O^+(aq) + OH^-(aq)$$

可简写为

$$H_2O(l) \rightleftharpoons H^+(aq) + OH^-(aq)$$

一定温度下，水的质子自递反应达到平衡时，其平衡常数表示为

$$K_w = [H^+][OH^-]$$

水的解离平衡
与溶液的 pH

K_w 称为水的离子积常数，简称水的离子积。

水的质子自递反应是吸热反应，所以温度升高，K_w 增大。在一定温度下，水中的 H^+ 和 OH^- 浓度的乘积是一个常数。实验测得在 298.15K 时，1L 纯水中仅有 10^{-7} mol 水分子解离，$[H^+] = [OH^-] = 1 \times 10^{-7}$ mol/L，故常温下，$K_w = 1.0 \times 10^{-14}$。

水的离子积不仅适用于纯水，对于电解质的稀溶液也同样适用。根据平衡移动原理，若在水中加入少量盐酸，则 H^+ 浓度增加，水的解离平衡向左移动，OH^- 浓度减少，但 K_w 不变。若在水中加入少量氢氧化钠，则 OH^- 浓度增加，水的解离平衡向左移动，H^+ 浓度减少，但 K_w 不变。因此，常温时，无论是在中性、酸性还是碱性的水溶液里，H^+ 浓度和 OH^- 浓度的乘积都等于 1.0×10^{-14}。

由于许多化学反应和几乎所有的生物生理现象都是在 H^+ 浓度很小的溶液中进行的，若直接用 H^+ 浓度来表示溶液的酸碱性就很不方便。因此，在化学上常用 pH 来表示溶液的酸碱性。pH 等于溶液中 H^+ 浓度的负对数，即

$$pH = -lg[H^+]$$

常温下，水溶液中，pH<7，溶液呈酸性；pH=7，溶液呈中性；pH>7，溶液呈碱性。

pH 越小，溶液的酸性越强；pH 越大，溶液的碱性越强。同样 $[OH^-]$、K_w 的负对数也可以分别用 pOH 和 pK_w 来表示，因而，在常温时有：

$$pK_w = pH + pOH = 14.00$$

K_w 反映了水溶液中 $[H^+]$ 和 $[OH^-]$ 之间的相互关系，即在纯水或者稀水溶液中，298.15K 时，$K_w = [H^+][OH^-] = 1.0 \times 10^{-14}$。根据溶液的 $[OH^-]$ 或 $[H^+]$，便可计算出 $[H^+]$ 或 $[OH^-]$，从而计算 pH 或 pOH。

【例 4-1】 求 298K 时 0.10mol/L NaOH 溶液的 pH。

解： $[OH^-] = 0.10$ mol/L，$[H^+] = 1.0 \times 10^{-13}$ mol/L

$$pH = -lg[H^+] = 13.00$$

3. 弱酸弱碱的解离平衡

弱电解质在水溶液中只有部分发生解离，其水溶液中存在着已解离的弱电解质的组分离子和未解离的弱电解质分子。

一定温度下，弱电解质在溶液中达到解离平衡时，已解离的弱电解质分子数与解离

前弱电解质分子总数之比，称为弱电解质的解离度，也称为电离度，用 α 表示。

$$\alpha = \frac{\text{已解离的弱电解质分子数}}{\text{弱电解质分子总数}} \times 100\%$$

（1）一元弱酸的解离平衡　弱酸的解离是弱酸将质子转移给水变成其共轭碱。如一元弱酸醋酸在溶液中的解离：

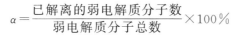

$$HAc + H_2O \rightleftharpoons Ac^- + H_3O^+$$

简写为

$$HAc \rightleftharpoons H^+ + Ac^-$$

在一定温度下，解离达到动态平衡，解离常数表达式为

$$K_a = \frac{[H^+][Ac^-]}{[HAc]}$$

式中，$[H^+]$、$[Ac^-]$ 和 $[HAc]$ 分别表示平衡浓度，K_a 为弱酸的解离常数。

（2）一元弱碱的解离平衡　弱碱的解离是弱碱接受水给出的质子变成其共轭酸。如一元弱碱 NH_3 在溶液中的解离：

$$H_2O + NH_3 \rightleftharpoons OH^- + NH_4^+$$

解离常数为

$$K_b = \frac{[NH_4^+][OH^-]}{[NH_3]}$$

K_b 为弱碱的解离常数。弱酸和弱碱的解离常数与温度有关，而与浓度无关。一定温度下，K_a（K_b）为一常数，其大小能表示酸（碱）的强弱，数值越大，酸（碱）的强度越大。

稀水溶液中，对于任何一对共轭酸碱对都有：$K_a K_b = K_w$，即 $pK_a + pK_b = pK_w$。

以共轭酸碱对 HAc-Ac^- 在水溶液中的解离为例，解离方程式和解离常数分别为

$$HAc \rightleftharpoons H^+ + Ac^- \quad K_a(HAc) = \frac{[H^+][Ac^-]}{[HAc]}$$

$$Ac^- + H_2O \rightleftharpoons HAc + OH^- \quad K_b(Ac^-) = \frac{[OH^-][HAc]}{[Ac^-]}$$

将 $K_a(HAc)$ 和 $K_b(Ac^-)$ 两者相乘，得

$$K_a(HAc)K_b(Ac^-) = [H^+][OH^-] = K_w$$

以上公式表明，共轭酸碱对的 K_a 与 K_b 成反比，酸越弱，其共轭碱越强；碱越弱，其共轭酸越强。如果已知弱酸的 K_a 可求出其共轭碱的 K_b，反之亦然。

（3）多元弱酸的解离平衡　凡能给出 2 个或 2 个以上质子的弱酸称为多元弱酸，如 H_2CO_3、H_2S、H_3PO_4 等。多元弱酸的解离是分步进行的，每一步解离都有相应的解离常数，通常用 K_{a1}、K_{a2}、K_{a3} 等表示。H_3PO_4 在水溶液中的分步解离如下：

$$H_3PO_4 \rightleftharpoons H^+ + H_2PO_4^- \qquad K_{a1} = 7.5 \times 10^{-3}$$

$$H_2PO_4^- \rightleftharpoons H^+ + HPO_4^{2-} \qquad K_{a2} = 6.3 \times 10^{-8}$$

$$HPO_4^{2-} \rightleftharpoons H^+ + PO_4^{3-} \qquad K_{a3} = 2.2 \times 10^{-13}$$

一般多元弱酸的解离常数 K_{a1} 远远大于 K_{a2}、K_{a3}。因此，在多元弱酸的水溶液中，通常氢离子主要来源于第一步解离。

（4）多元弱碱的解离平衡 凡是能接受 2 个或 2 个以上质子的弱碱称为多元弱碱，如 Na_2S、Na_2CO_3 等。多元弱碱的解离情况与多元弱酸类似，其解离常数通常用 K_{b1}、K_{b2}、K_{b3} 等表示。

4．一元弱酸弱碱溶液的 pH 计算

（1）一元弱酸溶液的 pH 计算 在一元弱酸 HA（c_a，mol/L）水溶液中，解离平衡如下：

计算一元弱酸的 pH

$$HA \rightleftharpoons H^+ + A^-$$

$$H_2O \rightleftharpoons H^+ + OH^-$$

当一元弱酸的 $K_a c_a \geqslant 20 K_w$ 时，忽略水的解离对 H^+ 浓度的影响，只考虑弱酸的解离对 H^+ 浓度的贡献，得

$$K_a = \frac{[H^+][A^-]}{[HA]} = \frac{[H^+]^2}{c_a - [H^+]}$$

当 $\dfrac{c_a}{K_a} \geqslant 500$ 时，由于弱酸的解离常数很小，平衡时溶液中 $[H^+]$ 远远小于弱酸的初始浓度，所以 $c_a - [H^+] \approx c_a$，$[H^+] = \sqrt{c_a K_a}$

【例 4-2】 计算 298K 时 0.10mol/L HAc 的 pH。（已知 HAc 的 $K_a = 1.76 \times 10^{-5}$）

解：

$$\frac{c_a}{K_a} = \frac{0.10}{1.76 \times 10^{-5}} > 500$$

$$[H^+] = \sqrt{c_a K_a} = \sqrt{1.76 \times 10^{-5} \times 0.10} = 1.33 \times 10^{-3}(mol/L)$$

$$pH = -lg[H^+] = -lg(1.33 \times 10^{-3}) = 2.88$$

（2）一元弱碱溶液的 pH 计算 浓度为 c_b 的一元弱碱，类似于一元弱酸，得出 OH^- 的浓度。

当 $\dfrac{c_b}{K_b} \geqslant 500$ 时 $\qquad [OH^-] = \sqrt{c_b K_b}$

【例 4-3】 计算 298K 时 0.10mol/L $NH_3 \cdot H_2O$ 溶液的 pH。（$NH_3 \cdot H_2O$ 的 $K_b = 1.8 \times 10^{-5}$）

解：

$$\frac{c_b}{K_b} = \frac{0.10}{1.8 \times 10^{-5}} > 500$$

$$[OH^-] = \sqrt{c_b K_b} = \sqrt{1.8 \times 10^{-5} \times 0.10} = 1.34 \times 10^{-3}(mol/L)$$

$$pOH = -lg[OH^-] = -lg(1.34 \times 10^{-3}) = 2.87$$

$$pH = 14 - pOH = 11.13$$

5. 缓冲溶液

分别在 1L 1.78×10^{-5} mol/L 的 HCl 溶液、1L 0.1mol/L HAc 和 0.1mol/L NaAc 的混合溶液中滴加 1mL 0.1mol/L 的 HCl 或 NaOH 溶液，计算溶液的 pH 变化。结果见表 4-1。

缓冲溶液

表 4-1　HCl 溶液和 HAc-NaAc 混合溶液 pH 变化 （298K）

项目		1.78×10^{-5} mol/L HCl （1L）	0.1mol/L HAc 和 0.1mol/L NaAc 溶液 （1L）
		4.75	4.75
加　HCl	pH	3.93	4.75
	ΔpH	0.82	0
加　NaOH	pH	9.91	4.75
	ΔpH	5.16	0

由上表可知，一般的水溶液，容易受外加酸、碱的影响而改变其原有的 pH 值。而 HAc-NaAc 混合液的 pH 改变非常小，几乎为 0。这种能够抵抗外加少量酸、碱或适量稀释，而本身的 pH 值不发生明显改变的溶液叫缓冲溶液。缓冲溶液的这种作用，叫缓冲作用。

缓冲溶液之所以具有缓冲作用，是由于缓冲溶液中同时含有抗酸和抗碱两种成分，通常将这两种成分称为缓冲对或缓冲系。

以 HAc-Ac$^-$ 为例，其水溶液中存在如下的质子传递平衡：

$$HAc + H_2O \rightleftharpoons H_3O^+ + Ac^-$$

在 HAc-Ac$^-$ 溶液中加入少量强酸时，H_3O^+ 的浓度瞬间增大，平衡向左移动生成 HAc，溶液 H_3O^+ 浓度没有明显改变，溶液的 pH 几乎保持不变。

缓冲溶液的作用原理

在 HAc-Ac$^-$ 溶液中加入少量强碱时，外来的 OH$^-$ 与溶液中的 H_3O^+ 结合生成 H_2O，溶液中减少的 H_3O^+ 由大量 HAc 解离来补充，使上述平衡向右移动，溶液中 H_3O^+ 浓度没有明显改变，溶液的 pH 几乎保持不变。

综上所述，缓冲对中的共轭碱发挥了抵抗外来强酸的作用，是抗酸成分；缓冲对中的共轭酸发挥了抵抗外来强碱的作用，是抗碱成分。

在缓冲溶液适当稀释时，虽然 H_3O^+ 的浓度因稀释有所降低，但 Ac$^-$ 与 HAc 的浓度同时也降低，同离子效应减弱，HAc 的解离度增加，H_3O^+ 的浓度得以弥补，溶液的 pH 基本不变。

缓冲溶液的缓冲作用是有一定限度的，加入过多的酸或碱时，缓冲溶液中的抗酸成分或抗碱成分几乎耗尽，缓冲溶液则会失去缓冲作用，溶液的 pH 将会明显改变。

不同的缓冲对，对应缓冲溶液的缓冲范围不同。几种常用的缓冲溶液的缓冲范围及其共轭酸的 pK_a，见表 4-2。

表 4-2　常用的缓冲溶液的缓冲范围及其共轭酸的 pK_a

缓冲对	缓冲范围(298K)	pK_a
$H_2C_8H_4O_4$-NaOH	2.2~4.0	2.89
HAc-NaAc	3.7~5.6	4.75
$KHC_8H_4O_4$-NaOH	4.0~5.8	5.51
KH_2PO_4-Na_2HPO_4	5.8~8.0	7.21
H_3BO_3-NaOH	8.0~10.0	9.24
$NH_3 \cdot H_2O$-NH_4^+	8.3~10.2	9.25
$NaHCO_3$-Na_2CO_3	9.2~11.0	10.25

二、酸碱指示剂的选择

1. 酸碱指示剂的变色原理

酸碱指示剂一般是有机弱酸或弱碱。当溶液的 pH 变化时，指示剂会失去质子或得到质子由酸式转变为碱式，或由碱式转化为酸式，它们的酸式与碱式具有不同的颜色。因此，溶液 pH 变化，引起指示剂结构的变化，从而导致溶液颜色的变化，指示滴定终点的到达。

酚酞（PP）是一种常用的有机弱酸，在溶液中有如下平衡：

羟式(无色)　　　　　　　　　　醌式(红色)

在酸性溶液中，平衡自右向左移动，酚酞变成无色分子；当 OH^- 浓度增大时，平衡自左向右移动，当 pH 约为 8 时酚酞呈现红色，但在浓碱液中酚酞的结构由醌式又变为羧酸盐式，呈现为无色。酚酞指示剂在 pH＝8.0~10.0 时，由无色渐变为红色。

甲基橙（MO）是一种常用的有机弱碱，在水溶液中有如下解离平衡和颜色变化：

红色（醌式）　　　　　　　　黄色（偶氮式）

由平衡关系可见，当溶液中 H^+ 浓度增大时，平衡向左移动，甲基橙主要以醌式存在，呈现红色；当溶液中 OH^- 浓度增大时，则平衡向右移动，甲基橙主要以偶氮式存在，呈现黄色。当溶液的 pH＜3.1 时甲基橙为红色，pH＞4.4 则为黄色。因此 pH＝3.1~4.4 为甲基橙的变色范围。

2. 指示剂的变色范围

为了进一步说明指示剂颜色变化与酸度的关系，现以 HIn 表示指示剂酸式，以

In$^-$代表指示剂碱式，在溶液中指示剂的解离平衡用下式表示：

$$HIn \rightleftharpoons H^+ + In^-$$

当解离达到平衡时

$$K_{HIn} = \frac{[H^+][In^-]}{[HIn]}$$

则

$$\frac{K_{HIn}}{[H^+]} = \frac{[In^-]}{[HIn]}$$

溶液的颜色取决于指示剂碱式与酸式的浓度比值（$[In^-]/[HIn]$）。对一定的指示剂而言，在指定条件下 K_{HIn} 是常数，因此 $[In^-]/[HIn]$ 值就只取决于 $[H^+]$。

当 $[H^+] = K_{HIn}$，In^- 和 HIn 浓度相等，溶液表现出酸式色和碱式色的中间颜色，此时 $pH = pK_{HIn}$，称为指示剂的理论变色点。

若 $\frac{In^-}{HIn} \geqslant 10$ 时，即 $pH \geqslant pK_{HIn} + 1$ 时，显 In^- 颜色；若 $\frac{In^-}{HIn} \leqslant 1/10$ 时，即 $pH \leqslant pK_{HIn} - 1$ 时，显 HIn 颜色。

所以，指示剂的理论变色范围为 $pH = pK_{HIn} \pm 1$，为 2 个 pH 单位。由于人们对不同颜色的敏感程度不同，以及溶液的温度等因素影响指示剂的变色范围，实际观察到的大多数指示剂的变色范围小于 2 个 pH 单位，且指示剂的理论变色点不是变色范围的中间点。常用的酸碱指示剂列于表 4-3。

表 4-3　几种常用的酸碱指示剂

指示剂	变色范围 pH	颜色		pK_a(HIn)
		酸色	碱色	
百里酚蓝（第一变色点）	1.2～2.8	红色	黄色	1.65
甲基黄	2.9～4.0	红色	黄色	3.25
甲基橙	3.1～4.4	红色	黄色	3.45
溴酚蓝	3.0～4.6	黄色	紫色	4.1
溴甲酚绿	3.8～5.4	黄色	蓝色	4.7
甲基红	4.4～6.2	红色	黄色	5.0
溴百里酚蓝	6.2～7.6	黄色	蓝色	7.3
中性红	6.8～8.0	红色	黄色	7.4
酚红	6.8～8.0	黄色	红色	8.0
酚酞	8.0～10.0	无色	红色	9.1
百里酚酞	9.4～10.6	无色	蓝色	10.0

3. 混合指示剂

在酸碱滴定中，有时需要将滴定终点控制在很窄的 pH 范围内，以保证滴定的准确度，此时可采用混合指示剂。

混合指示剂有两类。一类是由两种或两种以上的指示剂混合而成，利用颜色的互补作用，使指示剂变色范围变窄，变色更敏锐。例如，溴甲酚绿（$pK_a = 4.9$）和甲基红（$pK_a = 5.2$）两者按 3：1 混合后，在 pH<5.1 的溶液中呈酒红色，而在 pH>5.1 的溶液中呈绿色，变色范围窄且颜色易于辨别。另一类是在某种指示剂中加入另一种惰性染料而组成。例如，采用中性红与亚甲蓝按 1：1 配成的混合指示剂，在 pH= 7.0 时呈现蓝紫色，其酸色为蓝紫色，碱色为绿色，变色范围只有约 0.2 个 pH 单位，变色也很敏锐。常用的几种混合指示剂列于表 4-4。

表 4-4　常用的酸碱混合指示剂

指示剂组成	变色点	颜色变化		备注
		酸式色	碱式色	
一份 0.1%甲基橙水溶液 一份 0.25%靛蓝磺酸钠水溶液	4.1	紫色	黄绿	pH=4.1 灰色
三份 0.1%溴甲酚绿乙醇溶液 一份 0.2%甲基红乙醇溶液	5.1	酒红	绿色	pH=5.1 灰色
一份 0.1%溴甲酚绿钠盐水溶液 一份 0.1%氯酚红钠盐水溶液	6.1	黄绿	蓝紫	pH=5.4 蓝绿 pH=5.8 蓝色 pH=6.0 蓝带紫
一份 0.1%中性红乙醇溶液 一份 0.1%亚甲蓝乙醇溶液	7.0	蓝紫	绿色	
一份 0.1%甲酚红钠盐水溶液 三份 0.1%百里酚蓝钠盐水溶液	8.3	黄色	紫色	pH=8.2 粉色 pH=8.4 清晰的紫色
一份 0.1%溴百里酚蓝的 50% 乙醇溶液 三份 0.1% 酚酞的 50% 乙醇溶液	9.0	黄色	紫色	黄色→绿色→紫色

如果把甲基红、溴百里酚蓝、百里酚蓝、酚酞按一定比例混合，溶于乙醇，配成混合指示剂，可随溶液 pH 的变化而呈现不同的颜色。实验室中使用的 pH 试纸，就是基于混合指示剂的原理而制成的。在滴定分析中，由于指示剂本身就是有机弱酸或弱碱，加入量的多少会影响变色的敏锐程度，影响分析结果的准确度。因此，一般地讲，指示剂应适当少量，变色会明显一些，引入的误差也小一些。

4. 酸碱滴定曲线

酸碱滴定过程中，随着滴定剂不断地加入溶液中，溶液的 pH 不断地变化，根据滴定过程中溶液 pH 的变化规律，选择合适的指示剂，就能正确地指示滴定终点。用来描述滴定过程中溶液 pH 随加入滴定剂体积而变化的曲线称为酸碱滴定曲线。

（1）强碱滴定强酸　现以 298K 时 0.1000mol/L NaOH 溶液滴定 20.00mL 0.1000mol/L HCl 溶液为例，讨论强碱滴定强酸过程中溶液 pH 的变化规律与滴定曲线的形状。

在强碱滴定强酸过程中，整个滴定过程可分为四个阶段：

① 滴定开始前。溶液的 pH 取决于 HCl 的原始浓度，因 HCl 是强酸，故 $[H^+]$= 0.1000mol/L，pH=1.00。

② 滴定开始至化学计量点前。溶液的 pH 由剩余 HCl 物质的量决定。如加入 NaOH 溶液 19.98mL，此时溶液中：

$$[H^+]=\frac{0.1000\times0.02}{20.00+19.98}=5.00\times10^{-5}(mol/L)$$

$$pH=4.30$$

③ 化学计量点时。在化学计量点时 NaOH 与 HCl 恰好中和完全，此时溶液中 $[H^+]=[OH^-]=1.0\times10^{-7}mol/L$，故化学计量点时 pH 为 7.00，溶液呈中性。

④ 化学计量点后。此时溶液的 pH 根据过量碱的量进行计算。如滴入 NaOH 溶液 20.02mL，此时溶液中：

$$[OH^-]=\frac{0.1000\times0.02}{20.00+20.02}=5.00\times10^{-5}(mol/L)$$

$$pOH=4.30，pH=9.70$$

用类似的方法可以计算滴定过程中加入任意体积 NaOH 时溶液的 pH，结果列于表 4-5。

表 4-5　滴定过程中加入不同体积 NaOH 溶液时溶液的 pH 变化（298K）

加入 NaOH 溶液的体积/mL	滴定分数/%	剩余 HCl 溶液的体积/mL	加入过量的 NaOH 溶液的体积/mL	$[H^+]/(mol/L)$	pH
0.00	0.00	20.00		1.00×10^{-1}	1.00
18.00	90.00	2.00		5.26×10^{-3}	2.28
19.80	99.00	0.20		5.02×10^{-4}	3.30
19.98	99.90	0.02		5.00×10^{-5}	4.30
20.00	100.0	0.00		1.00×10^{-7}	7.00
20.02	100.1		0.02	2.00×10^{-10}	9.70
20.20	101.0		0.20	2.01×10^{-11}	10.70
22.00	110.0		2.00	2.10×10^{-12}	11.68
40.00	200.0		20.00	3.00×10^{-13}	12.52

以溶液的 pH 为纵坐标，NaOH 溶液的加入量（或滴定分数）为横坐标，绘制滴定曲线，如图 4-1 所示。

从表 4-4 以及图 4-1 可见，从滴定开始，随着 NaOH 不断滴入，HCl 的量逐渐减少，pH 逐渐增大。当滴定至只剩下 0.1% HCl，即剩余 0.02mL HCl 溶液时，pH 为 4.30，此时曲线比较平坦，在化学计量点附近，即再继续滴入 1 滴 NaOH 溶液（大约 0.04mL），中和剩余的半滴 HCl 溶液，仅过量 0.02mL NaOH 溶液，溶液的 pH 从 4.30 急剧升高到 9.70。即 1 滴 NaOH 溶液就使溶液 pH 增加 5.40 个 pH 单位，溶液也由酸性变成了碱性。在化学计量点前后 0.1%，曲线呈现近似垂直的一段，表明溶液的 pH 有一个突然的改变，这种 pH 的突然改变称为滴定突跃，突跃所在的 pH 范围称为滴定突跃范围。

酸碱浓度对突跃范围有直接影响。每差 10 倍浓度，滴定突跃范围差 2 个 pH 单位。不同浓度 NaOH 滴定相应浓度 HCl 时滴定突跃范围如图 4-2 所示。

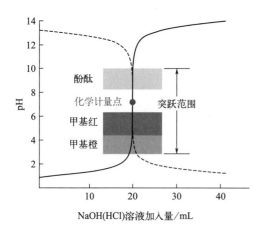

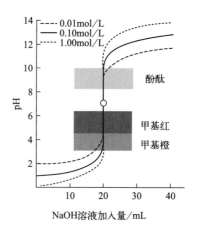

图 4-1　0.1000mol/L NaOH 溶液与 0.1000mol/L HCl 的滴定曲线（298K）　　图 4-2　不同浓度 NaOH 滴定相应浓度 HCl 的滴定曲线（298K）

在滴定分析中，指示剂的选择主要是以滴定突跃范围为依据的：凡是变色范围全部或部分落在滴定突跃范围内的指示剂都可用来指示滴定终点。例如，当滴定至甲基橙由红色突变为黄色时，溶液的 pH 约为 4.4，这时加入 NaOH 溶液的量与化学计量点时应加入量的差值不足 0.02mL，终点误差小于 −0.1%，符合滴定分析的要求。若改用酚酞为指示剂，溶液呈微红色时 pH 略大于 8.0，此时 NaOH 溶液的加入量超过化学计量点时应加入的量，其差值也不到 0.02mL，终点误差小于 +0.1%，仍然符合滴定分析的要求。上述滴定的突跃范围为 pH=4.30～9.70，因此，可选择酚酞、甲基红、甲基橙为指示剂。

酸碱溶液浓度越大，滴定曲线中化学计量点附近的滴定突跃范围越长，可供选择的指示剂越多。相反，酸碱溶液的浓度越小，则化学计量点附近的滴定突跃范围就越短，可供选择的指示剂就越少。例如，若用 0.01000mol/L NaOH 溶液滴定 0.01000mol/L HCl 溶液，滴定突跃范围减小为 5.30～8.70，若仍用甲基橙作指示剂，终点误差将大于 0.1%，此时只有用酚酞、甲基红等，才能符合滴定分析的要求。

(2) 强酸滴定强碱　若 298K 时用 0.1000mol/L HCl 溶液滴定 20.00mL 0.1000mol/L NaOH 溶液，pH 变化方向相反，滴定曲线如图 4-1 中虚线部分所示。它的滴定突跃范围与指示剂的选择依据和 0.1000 mol/L NaOH 溶液滴定 20.00mL 0.1000mol/L HCl 溶液一样。

(3) 强碱滴定弱酸　现以 298K 时 0.1000mol/L NaOH 溶液滴定 20.00mL 0.1000mol/L HAc 为例，讨论强碱滴定弱酸的情况，滴定过程中溶液 pH 可计算如下：

① 滴定开始前。溶液的 pH 根据 HAc 解离平衡来计算（已知 HAc 的解离常数 $pK_a = 4.74$）：

$$[H^+] = \sqrt{c_a K_a} = \sqrt{1.8 \times 10^{-5} \times 0.10} = 1.3 \times 10^{-3} \ (mol/L)$$

$$pH = -\lg[H^+] = -\lg(1.3 \times 10^{-3}) = 2.87$$

② 化学计量点前。该阶段溶液的 pH 应根据剩余的 HAc 及反应产生的 Ac^- 所组成的缓冲溶液来计算。现设滴入 NaOH 溶液 19.98mL，与 HAc 溶液中和后形成 NaAc，

剩余 HAc 溶液 0.02mL 未被中和。pH 计算如下：

$$pH = pK_a + \lg\frac{c_b}{c_a} = 4.74 + \lg\frac{19.98 \times 0.1000}{0.02 \times 0.1000} = 7.74$$

③ 化学计量点时。NaOH 与 HAc 完全中和，反应产物为 NaAc，根据共轭碱的解离平衡计算如下：

$$Ac^- + H_2O \Longrightarrow HAc + OH^-$$

$$[OH^-] = \sqrt{cK_b} = \sqrt{\frac{1.0 \times 10^{-14}}{1.8 \times 10^{-5}} \times \frac{0.1000 \times 20}{20 + 20}}$$

$$= 5.3 \times 10^{-6}(mol/L) \quad pOH = 5.28, pH = 8.72$$

④ 化学计量点后。此时根据过量的 NaOH 的量计算 pH，设加入 20.02mL NaOH，溶液中 OH⁻ 浓度为：

$$[OH^-] = \frac{0.02 \times 0.1000}{20 + 20.02} = 5.0 \times 10^{-5}(mol/L)$$

$$pOH = 4.30, pH = 9.70$$

将上述计算结果列于表 4-6。图 4-3 是根据表 4-6 绘制的滴定曲线。

表 4-6　0.1000mol/L NaOH 溶液滴定 20.00mL 0.1000mol/L HAc 溶液（298K）

滴定分数/%	加入 NaOH 溶液的体积/mL	剩余 HAc 溶液的体积/mL	过量 NaOH 溶液的体积/mL	pH
0.0	0.00	20.00		2.87
50.00	10.00	10.00		4.74
90.00	18.00	2.00		5.69
99.00	19.80	0.20		6.74
99.90	19.98	0.02		7.74
100.0	20.00	0.00		8.72
100.1	20.02		0.02	9.70
101.0	20.20		0.20	10.70
110.0	22.00		2.00	11.68
200.0	40.00		20.00	12.52

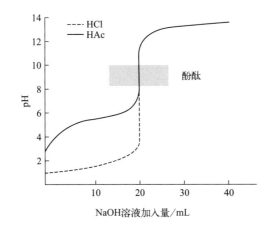

图 4-3　NaOH 溶液分别滴定 HCl 和 HAc 溶液的滴定曲线（298K）

将 NaOH 溶液滴定 HAc 溶液的滴定曲线与 NaOH 溶液滴定 HCl 溶液的滴定曲线相比较，可以看到它们有以下不同点。

① 由于 HAc 是弱酸，滴定前，溶液中的 H^+ 浓度比同浓度的 HCl 中的 H^+ 浓度要低，因此起始的 pH 要高一些。

② 化学计量点之前，溶液中未反应的 HAc 与反应产物 NaAc 组成了 HAc-Ac$^-$ 缓冲体系，溶液的 pH 由该缓冲体系决定，pH 的变化相对较缓。

③ 化学计量点附近，溶液的 pH 发生突变，滴定突跃范围为 pH＝7.74～9.70，相对于滴定同浓度 HCl 而言，滴定突跃范围小得多。

④ 化学计量点时，溶液中仅含 NaAc，pH 为 8.72，因而化学计量点时溶液呈碱性。

强碱滴定强酸滴定曲线的滴定突跃范围的大小，除与溶液的浓度有关外，还与酸的强度有关，酸越弱，滴定突跃范围越小。一般来说，当 $cK_a \geqslant 10^{-8}$ 时，滴定曲线有明显的突跃，可以选到合适的指示剂指示终点。

(4) 强酸滴定弱碱 强酸滴定弱碱，以 298K 时 HCl 溶液滴定 $NH_3 \cdot H_2O$ 溶液为例。滴定反应为：

$$NH_3 + H^+ \rightleftharpoons NH_4^+$$

随着 HCl 的滴入，溶液组成经过由 NH_3 到 NH_4Cl-NH_3，再到 NH_4Cl，最后到 NH_4Cl-HCl 的变化过程，pH 亦逐渐由高向低变化。这类滴定与用 NaOH 滴定 HAc 十分相似。现仍采取分四个阶段的思路，将具体计算结果列于表 4-7，其滴定曲线如图 4-4 所示。

表 4-7 0.1000mol/L HCl 溶液滴定 20.00mL 0.1000mol/L $NH_3 \cdot H_2O$ 溶液 （298K）

滴定分数/%	加入 HCl 溶液的体积/mL	剩余 $NH_3 \cdot H_2O$ 溶液的体积/mL	过量 HCl 溶液的体积/mL	pH
0.0	0.00	20.00		11.13
90.00	18.00	2.00		8.31
99.90	19.98	0.02		6.26
100.0	20.00	0.00		5.28
100.1	20.02		0.02	4.30
110.0	22.00		2.00	2.32
200.0	40.00		20.00	1.48

强酸滴定弱碱的化学计量点及滴定突跃都在弱酸性范围内，可选用甲基红、溴甲酚绿为指示剂。

强酸滴定弱碱时，当碱的浓度一定时，K_b 越大即碱性越强，滴定曲线上滴定突跃范围也越大；反之，滴定突跃范围越小。与强碱滴定弱酸的情况相似。因此，强酸滴定弱碱时，只有当 $cK_b \geqslant 10^{-8}$，此弱碱才能用标准酸溶液直接目视滴定。

5. 酸碱滴定分析中的计算

(1) 以硼砂为基准物质标定 HCl 溶液，称取硼砂 0.9854g，用甲基红指示终点，用

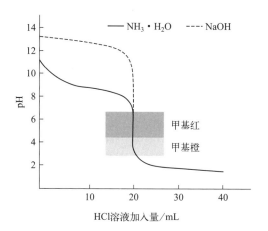

图 4-4 HCl 溶液滴定 NH₃·H₂O 的滴定曲线（298K）

去 HCl 溶液 23.76mL，求盐酸溶液的浓度。

解： $Na_2B_4O_7 \cdot 10H_2O + 2HCl \Longrightarrow 4H_3BO_3 + 2NaCl + 5H_2O$

$$\begin{matrix} 1 & & 2 \end{matrix}$$

$$\begin{matrix} \dfrac{m}{M} & & cV \end{matrix}$$

酸碱滴定分析中的计算

$$cV = 2 \times \frac{m}{M}$$

$$c = \frac{2m}{MV} = \frac{2 \times 0.9854}{381.4 \times 23.76 \times 10^{-3}} = 0.2175 (\text{mol/L})$$

答： 盐酸的浓度为 0.2175mol/L。

（2）中性铵盐样品为 0.5765g，将其完全溶解后，加入中性甲醛，待反应完全后，用 0.1037mol/L 的 NaOH 溶液滴定至酚酞由无色变为粉红色，用去 NaOH 溶液 26.35mL，求原铵盐样品中 N 的含量。

解： $4NH_4^+ + 6HCHO \Longrightarrow (CH_2)_6N_4 + 4H^+ + 6H_2O$

$$OH^- + H^+ \Longrightarrow H_2O$$

$$n(OH^-) = n(H^+) = n(NH_4^+)$$

$$\omega(N) = \frac{0.1037 \times 26.35 \times 10^{-3} \times 14.01}{0.5765} \times 100\% = 6.64\%$$

答： 原铵盐样品中 N 的含量为 6.64%。

（3）测定食醋总酸度时，准确移取 20.00mL 的白醋放入 200mL 容量瓶中，加水稀释到刻度。然后，准确移取 20.00mL 此白醋稀溶液放入锥形瓶中，用 0.1025mol/L 的 NaOH 标准溶液滴定至终点，消耗 NaOH 标准溶液 18.35mL。求此白醋的总酸度，以 $\rho(HAc)$（g/100mL）表示。

解： $\begin{matrix} NaOH & + & HAc & = & NaAc + H_2O \end{matrix}$

$$\begin{matrix} 1 & & 1 \end{matrix}$$

$$0.1025 \times 18.35 \times 10^{-3} \qquad \frac{\rho(HAc) \times 20.00}{100 \times 60.05} \times \frac{20.00}{200}$$

$$0.1025 \times 18.35 \times 10^{-3} = \frac{\rho(HAc) \times 20.00 \times 20.00}{100 \times 60.05 \times 200}$$

$$\rho(HAc) = \frac{0.1025 \times 18.35 \times 10^{-3} \times 100 \times 60.05 \times 200}{20.00 \times 20.00} = 5.647(g/100mL)$$

答：此白醋的总酸度为 5.647g/100mL。

 练习题

一、选择题

1. 酸碱质子理论中，酸和碱之间只相差一个 H^+ 的关系称为（   ）。

A. 酸碱平衡　　　　　B. 共轭酸碱对　　　　　C. 离子平衡　　　　　D. 两性物质

2. 某些物质既可以给出质子，也可以接受质子，属于（   ）。

A. 共轭酸碱对　　　　B. 离子平衡　　　　　C. 酸碱平衡　　　　　D. 两性物质

3. 选择缓冲溶液的原则不包括（   ）。

A. 所选用的缓冲溶液对实验测量过程无干扰

B. 所选用的缓冲溶液应要有满足实际工作需要的足够的缓冲容量

C. 所选用的缓冲溶液应无污染，易保存，且成本低廉

D. 所需控制的 pH 应在所选用的缓冲溶液的缓冲范围之外

4. 298K 时 0.001mol/L 的 HCl，pH＝（   ）。

A. 2　　　　　　　　B. 3　　　　　　　　C. 11　　　　　　　D. 12

5. 298K 时 0.01mol/L 的 NaOH，pH＝（   ）。

A. 2　　　　　　　　B. 3　　　　　　　　C. 11　　　　　　　D. 12

6. 共轭酸碱对的解离常数关系是（   ）。

A. $K_a K_b = K_w$　　　B. $K_a K_b = 1$　　　C. $K_b/K_a = K_w$　　　D. $K_a/K_b = K_w$

7. 将 $NH_3 \cdot H_2O$ 稀释一倍，溶液中 OH^- 浓度减少到原来的（   ）。

A. $1/\sqrt{2}$　　　　　B. 1/2　　　　　　C. 1/4　　　　　　D. 3/4

8. 酚酞指示剂颜色变化的 pH 范围是（   ），甲基橙指示剂颜色变化的 pH 范围是（   ）。

A. 8.0～10.0　　　　B. 6.7～8.4　　　　C. 4.4～6.2　　　　D. 3.1～4.4

9. 关于酸碱指示剂，下列说法错误的是（   ）。

A. 指示剂本身是有机弱酸或弱碱

B. 指示剂本身易溶于水和乙醇溶液中

C. 指示剂用量越大越好

D. 指示剂的变色范围必须全部或部分落在滴定突跃范围之内

10. 实际上指示剂的变色范围是根据（   ）而得到的。

A. 人眼观察　　　　　　　　　　B. 理论变色点计算

C. 滴定经验　　　　　　　　　　D. 比较滴定

11. 酸碱滴定中指示剂选择依据是（   ）。

A. 酸碱溶液的浓度   B. 酸碱滴定突跃范围

C. 被滴定酸或碱的浓度   D. 被滴定酸或碱的强度

12. 弱酸的解离常数值由下列哪项决定？（   ）。

A. 溶液的浓度   B. 酸的电离度

C. 酸分子中含氢原子数   D. 酸的本质和溶液温度

13. 用酸碱滴定法测定工业醋酸中的乙酸含量，应选择的指示剂是（   ）。

A. 酚酞   B. 甲基橙

C. 甲基红   D. 甲基红-亚甲蓝

14. 用 $0.1mol/L$ HCl 滴定 $0.1mol/L$ NaOH 时 pH 突跃范围是 $9.7 \sim 4.3$，用 $0.01mol/L$ HCl 滴定 $0.01mol/L$ NaOH 时 pH 突跃范围是（   ）。

A. $9.7 \sim 4.3$ B. $8.7 \sim 4.3$ C. $8.7 \sim 5.3$ D. $10.7 \sim 3.3$

15. 称取 $3.1015g$ 基准 $KHC_8H_4O_4$（摩尔质量为 $204.2g/mol$），以酚酞为指示剂，以氢氧化钠为标准溶液滴定至终点消耗氢氧化钠溶液 $30.40mL$，同时空白试验消耗氢氧化钠溶液 $0.01mL$，则氢氧化钠标准溶液的物质的量浓度为（   ）mol/L。

A. 0.2689   B. 0.9210   C. 0.4998   D. 0.6107

16. 讨论酸碱滴定曲线的最终目的是（   ）。

A. 了解滴定过程   B. 找出溶液 pH 值变化规律

C. 找出 pH 值突跃范围   D. 选择合适的指示剂

17. $0.1mol/L$ HAc 溶液中 H^+ 浓度为（   ）。$[K_a(HAc)=1.75 \times 10^{-5}]$

A. $0.1mol/L$ B. $0.01mol/L$

C. $1.33 \times 10^{-3}mol/L$ D. $7.4 \times 10^{-5}mol/L$

18. 当弱酸满足下列什么条件时方可准确滴定？（   ）。

A. $cK_a \leqslant 10^{-8}$ B. $c/K_a \geqslant 10^5$ C. $cK_a \geqslant 10^{-7}$ D. $cK_a \geqslant 10^{-8}$

二、计算题

1. 称取无水 Na_2CO_3 基准物质 $0.1500g$ 标定 HCl 溶液时消耗 HCl 溶液体积为 $25.60mL$，计算 HCl 溶液的浓度为多少？

2. 用硼砂（$Na_2B_4O_7 \cdot 10H_2O$）基准物质标定 HCl（约 $0.05mol \cdot L^{-1}$）溶液时，消耗的滴定剂为 $20 \sim 30mL$，应称取多少克基准物质？

3. 称取纯 $CaCO_3$ $0.5000g$，溶于 $50.00mL$ 过量的 HCl 中，多余酸用 NaOH 回滴，用去 $6.20mL$。$1.00mL$ NaOH 相当于 $1.01mL$ HCl 溶液，求这两种溶液的浓度。

4. 某学生称取 $0.4240g$ 的苏打石灰样品，该样品含有 50.00% 的 Na_2CO_3，用 $0.1000mol/L$ 的 HCl 溶液滴定时用去 $40.10mL$，计算绝对误差和相对误差。

三、思考题

1. 酸碱指示剂为什么能指示酸碱滴定终点的到达？

2. 用基准物质 Na_2CO_3 标定 HCl 标准溶液时，下列情况会对 HCl 标准溶液产生何种影响（偏高、偏低或没有影响）？

(1) 滴定时速度太快，附在滴定管管壁的 HCl 标准溶液来不及流下来就读取滴定体积；

（2）称取 Na_2CO_3 时，实际质量为 0.1834g，记录时误记为 0.1824g；

（3）在将 HCl 标准溶液倒入滴定管之前，没有用 HCl 标准溶液荡洗滴定管；

（4）锥形瓶中的 Na_2CO_3 用无二氧化碳的蒸馏水溶解时，多加了 10mL 蒸馏水；

（5）滴定开始之前，忘记调节零点，HCl 标准溶液的液面高度高于零点；

（6）滴定管旋塞漏出 HCl 标准溶液；

（7）称取 Na_2CO_3 时，部分撒落在天平；

（8）配制 HCl 标准溶液时没有混匀。

技能训练

一、标定盐酸溶液的浓度

【训练目的】

1．会根据检验要求，正确选择试剂，准备相关的玻璃仪器。

2．能够初步根据检验标准和现有条件制定实训流程。

3．会标定盐酸溶液的准确浓度。

4．能够正确进行数据记录、处理及分析。

【原理】

市售浓盐酸（密度为 1.19g/mL，质量分数为 37%）易挥发，因此，HCl 标准溶液常用间接法配制，用硼砂（$Na_2B_4O_7 \cdot 10H_2O$）或基准无水碳酸钠（Na_2CO_3）进行标定。

如选用无水碳酸钠作基准物质标定 HCl，标定反应为：

$$2HCl + Na_2CO_3 = 2NaCl + CO_2 \uparrow + H_2O$$

Na_2CO_3 易吸收空气中的水分，故使用前应在 270～300℃ 下干燥至恒重。也可用 $NaHCO_3$ 在 270～300℃ 下干燥至恒重，经烘干发生分解，转化为 Na_2CO_3，然后放在干燥器中保存。

如选用硼砂（$Na_2B_4O_7 \cdot 10H_2O$）标定 HCl，标定反应为：

$$Na_2B_4O_7 \cdot 10H_2O + 2HCl = 4H_3BO_3 + 2NaCl + 5H_2O$$

滴定时可选择甲基红为指示剂，溶液由黄色变为橙色即为终点。

硼砂（$Na_2B_4O_7 \cdot 10H_2O$）不易吸水，但易失水，因而要求保存在相对湿度为 40%～60% 的环境中，以确保其所含的结晶水数量与计算时所用的化学式相符。实验室常采用在干燥器底部装入食盐和蔗糖的饱和水溶液的方法，使相对湿度维持在 60%。

由于硼砂的摩尔质量（381.4g·mol^{-1}）较 Na_2CO_3 大，标定同样浓度的盐酸所需的硼砂质量也比 Na_2CO_3 多，因而称量的相对误差就小，所以硼砂作为标定 HCl 溶液的基准物质优于 Na_2CO_3。

本实验以硼砂（$Na_2B_4O_7 \cdot 10H_2O$）作为基准物质，以甲基红为指示剂，测定 HCl 溶液的浓度。

【仪器与试剂】

仪器：电子天平、两用滴定管、移液管、锥形瓶、量筒、称量瓶等。

试剂：$0.1mol \cdot L^{-1}$ HCl标准溶液（待标定）、$Na_2B_4O_7 \cdot 10H_2O$、甲基红。

【操作步骤】

准确称取 $0.38 \sim 0.42g$ 硼砂基准物质 3 份，分别置于 250mL 锥形瓶中，加入 20mL 水溶解，加 2 滴甲基红指示剂，用待标定的盐酸标准溶液滴定至溶液由黄色变为橙色即为终点。平行滴定三次。HCl 溶液浓度计算公式为：

$$c = \frac{2m}{MV \times 10^{-3}}$$

式中　c——HCl 溶液浓度，mol/L；

　　　m——硼砂（$Na_2B_4O_7 \cdot 10H_2O$）质量，g；

　　　M——硼砂（$Na_2B_4O_7 \cdot 10H_2O$）的摩尔质量，g/mol；

　　　V——滴定时消耗的 HCl 溶液的体积，mL。

【注意事项】

硼砂作为基准物质的优点是吸湿性小，易制成纯品，摩尔质量较大。但由于含有结晶水，当空气的相对湿度小于 39% 时，明显风化而失水变为五水化合物，因此，干燥的硼砂应保存在相对湿度为 60% 的恒湿器中（在干燥器底部装蔗糖和氯化钠饱和溶液，其上部空气的相对湿度即为 60%）

二、标定氢氧化钠溶液的浓度

标定 NaOH
溶液的准
确浓度

【训练目的】

1. 会根据检验要求，正确选择试剂，准备相关的玻璃仪器。

2. 能够初步根据检验标准和现有条件制定实训流程。

3. 能够制定标定氢氧化钠的步骤并正确使用移液管、容量瓶、酸式滴定管。

4. 能够正确进行数据记录、处理及分析。

【原理】

氢氧化钠是最常用的碱标准溶液。固体氢氧化钠具有很强的吸湿性，易吸收 CO_2 和水分，生成少量 Na_2CO_3，且含少量的硅酸盐、硫酸盐和氯化物等，因而不能直接配制成标准溶液，只能用间接法配制，以基准物质标定其准确浓度，常用基准物质是邻苯二甲酸氢钾。

邻苯二甲酸氢钾属于有机弱酸盐，在水溶液中呈酸性，因 $cK_{a2} > 10^{-8}$，故可用 NaOH 溶液滴定，滴定的产物是邻苯二甲酸钾钠。指示剂可选用酚酞或百里酚蓝。除邻苯二甲酸氢钾外，还有草酸、苯甲酸、硫酸肼（$N_2H_4 \cdot H_2SO_4$）等基准物质可用于标定 NaOH 溶液。

本实验以邻苯二甲酸氢钾作为基准物质，以酚酞为指示剂，测定 NaOH 溶液的浓度。

$$\text{(图)} - \begin{matrix}\text{COOH}\\\text{COOK}\end{matrix} + \text{NaOH} = \text{(图)} - \begin{matrix}\text{COONa}\\\text{COOK}\end{matrix} + H_2O$$

【仪器与试剂】

仪器：电子天平、两用滴定管（或碱式滴定管）、锥形瓶、量筒等。

试剂：0.1mol/L NaOH 标准溶液（待标定）、邻苯二甲酸氢钾、10g/L 酚酞。

【操作步骤】

准确称取 0.39～0.42g 邻苯二甲酸氢钾基准物质 3 份，分别置于 250mL 锥形瓶中，加入 20mL 无二氧化碳的水溶解，加 2 滴酚酞指示剂，用待标定的 NaOH 标准溶液滴定至溶液的颜色由无色变为淡粉红色，30s 内不褪色，即为终点。平行滴定三次。NaOH 溶准液浓度计算公式为：

$$c = \frac{m}{MV \times 10^{-3}}$$

酸碱滴定分析
中的数据处理

式中　c——NaOH 溶液浓度，mol/L；

m——邻苯二甲酸氢钾质量，g；

M——邻苯二甲酸氢钾的摩尔质量，g/mol；

V——滴定时消耗的 NaOH 溶液的体积，mL。

也可用配制好的 0.1mol/L 邻苯二甲酸氢钾标准溶液来标定 NaOH 溶液。准确移取 20.00mL 0.1mol/L 邻苯二甲酸氢钾标准溶液置于 250mL 锥形瓶中，加 2 滴酚酞指示剂，用待标定的 NaOH 标准溶液滴定至溶液的颜色由无色变为淡粉红色，30s 内不褪色，即为终点。平行滴定三次。NaOH 溶液浓度计算公式为：

$$c(\text{NaOH}) = \frac{c(\text{KHC}_8\text{H}_4\text{O}_4)V(\text{KHC}_8\text{H}_4\text{O}_4)}{V(\text{NaOH})}$$

式中　$c(\text{NaOH})$——NaOH 溶液浓度，mol/L；

$c(\text{KHC}_8\text{H}_4\text{O}_4)$——邻苯二甲酸氢钾标准溶液的准确浓度，mol/L；

$V(\text{KHC}_8\text{H}_4\text{O}_4)$——准确移取的邻苯二甲酸氢钾标准溶液体积，mL；

$V(\text{NaOH})$——滴定时消耗的 NaOH 溶液的体积，mL。

【注意事项】

滴定时间不宜太久，以免空气中二氧化碳进入溶液而引起误差。

三、食醋中总酸度的测定

"食醋中总酸
度的测定"
任务分析

【训练目的】

1. 掌握强碱滴定弱酸的反应原理及指示剂的选择。

2. 会正确稀释食醋溶液。

3. 会用氢氧化钠标准溶液滴定食醋稀溶液并正确判断滴定终点。

4. 会正确计算食醋的总酸度和此次分析的相对平均偏差。

【原理】

食醋中的主要酸性物质是醋酸（HAc），此外还含有少量其它弱酸。醋酸的解离常

数 $K_a = 1.8 \times 10^{-5}$，用 NaOH 标准溶液滴定醋酸时，化学计量点的 pH 约为 8.7，可选用酚酞作指示剂，滴定终点时溶液由无色变为微红色。滴定时，不仅 HAc 与 NaOH 反应，食醋中可能存在的其它酸也与 NaOH 反应，故滴定所得为总酸度，以 ρ(HAc)（g/100mL）表示。

反应方程式为：$NaOH + HAc \Longrightarrow NaAc + H_2O$。

【仪器与试剂】

仪器：小烧杯（50mL 或 100mL）、容量瓶（200mL）、移液管（20mL）、锥形瓶（250mL，3 只）、碱式滴定管。

试剂：白醋、0.1mol/L NaOH 标准溶液、酚酞指示剂。

【操作步骤】

1. 稀释食醋

用移液管准确移取 20.00mL 食醋试液于 200mL 容量瓶中，用新煮沸并冷却的蒸馏水（不含 CO_2）稀释至刻度，摇匀备用。

2. 测定总酸度

用移液管准确移取 20.00mL 上述食醋稀释液于 250mL 锥形瓶中，加入 2 滴酚酞指示剂，用 0.1mol/L 氢氧化钠标准溶液滴定至溶液由无色恰好转变成微红色，30 秒不褪色为止。记录所用氢氧化钠标准溶液的体积。平行测定三次。总酸度计算公式为：

$$\rho(HAc) = \frac{c(NaOH)V(NaOH) \times 10^{-3} M(HAc) \times 100 \times 200}{V(\text{食醋})V(\text{食醋稀释液})}$$

式中　ρ(HAc)——食醋总酸度，g/100mL；

　　c(NaOH)——NaOH 标准溶液浓度，mol/L；

　　V(NaOH)——滴定时消耗的 NaOH 溶液的体积，mL；

　　M(HAc)——醋酸的摩尔质量，g/mol；

　　V(食醋)——移取的食醋试液体积，mL；

V(食醋稀释液)——移取的食醋稀释液体积，mL。

【注意事项】

测定食醋中总酸度时，所用的水不能含有 CO_2，否则 CO_2 溶于水生成 H_2CO_3，将同时被滴定。

項目五

氧化还原滴定技术

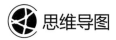 思维导图

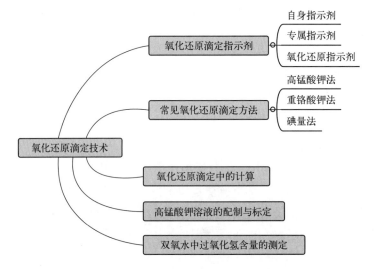

 知识目标

1. 了解氧化还原滴定的原理。
2. 了解不同类型指示剂的原理。

能力目标

1. 会正确控制氧化还原滴定的条件。
2. 会正确处理氧化还原滴定中的计算。

职业素养目标

药品、废液的合规处置和回收非常重要，否则会对附近水体的质量产生影响。通过学习重铬酸钾废液的处置问题，认识到重铬酸钾溶液有毒，不可以随意排放，要保护、爱护环境，逐步培养环境保护意识、勤俭节约等基本职业道德。科学崇尚求真务实，来不得半点的虚假。在实验过程中严格要求客观、准确地描述实验现象，如实记录实验的现象和数据，决不允许弄虚作假，培养实事求是的科学态度。

必备知识

氧化还原滴定法是建立在氧化还原反应基础上的滴定分析方法，可以用来直接测定本身具有氧化性、还原性的物质，也可以间接测定本身不具有氧化性或还原性，但能够与氧化剂、还原剂定量发生化学反应的物质，是滴定分析中应用最为广泛的方法之一。

氧化还原反应是指在反应过程中物质之间有电子得失或电子对发生偏移的反应。在反应中，物质得到电子的过程称为还原反应，物质失去电子的过程称为氧化反应。得到电子的物质为氧化剂，本身被还原，在反应中化合价降低；失去电子的物质为还原剂，本身被氧化，在反应中化合价升高。

氧化剂和还原剂的强弱可用标准电极电势 $\varphi^{\ominus}$ 来表示。常见的氧化剂、还原剂的标准电极电势见附录3。物质的标准电极电势值越大，该物质得到电子的能力就越强，因此是强氧化剂；物质的标准电极电势值越小，该物质失去电子的能力就越强，因此是强还原剂。当一种氧化剂与几种还原剂混合时，最先被氧化的是还原能力最强的还原剂（即标准电极电势最小的还原剂）；当一种还原剂与几种氧化剂混合时，最先被还原的是氧化能力最强的氧化剂（即标准电极电势最大的氧化剂）。

氧化还原反应机理比较复杂、反应速率慢、常伴有副反应的发生，能用于氧化还原滴定的反应必须符合下列要求。

① 滴定反应必须有确定的化学计量关系，即反应按一定的反应方程式进行，这是定量分析计算的基础。

② 滴定剂与被滴定物质的电极电势要有足够的差值，这样反应才能进行完全。

③ 能够有合适的方法正确地指示滴定终点。

④ 滴定反应必须能够迅速完成。

在氧化还原滴定中，习惯上，常用标准滴定溶液的名称命名具体的滴定方法，如高锰酸钾法、重铬酸钾法、碘量法、溴酸钾法等。不同分类的氧化还原滴定法，指示剂的种类也不同。

认识氧化
还原滴定

一、氧化还原滴定指示剂

1. 自身指示剂

有些标准溶液或被测物质本身有很深的颜色，而滴定产物为无色或颜色很浅，则滴定时就无需另加指示剂，利用自身颜色的变化指示终点，这就是自身指示剂。

如 MnO_4^- 有很深的紫红色，用它滴定 Fe^{2+}、$C_2O_4^{2-}$ 时，反应产物 Mn^{2+}、Fe^{3+} 颜色很浅，化学计量点后稍过量的 $KMnO_4$ 即可使溶液呈粉红色，实验证明，$KMnO_4$ 的浓度约为 $2 \times 10^{-6} \, mol/L$ 时，就可以观察到溶液的粉红色，从而指示终点。

2. 专属指示剂

有些物质本身不具有氧化还原性，但它能与氧化剂或还原剂产生很深的特殊的颜色，这种利用能与氧化剂或还原剂产生特殊颜色以指示滴定终点的物质，称为专属指示剂或特殊指示剂。

如可溶性淀粉与碘反应生成深蓝色化合物，溶液中 I_2 的浓度为 $1 \times 10^{-5}\,mol/L$ 时，即可看到蓝色的出现。当 I_2 被还原为 I^- 时，蓝色消失，可根据蓝色的出现或消失指示滴定终点。

3. 氧化还原指示剂

这类指示剂本身发生氧化还原反应，是一类复杂的有机化合物，它们本身就是一种弱的氧化剂或弱的还原剂，其氧化态和还原态具有不同的颜色，在滴定过程中因被氧化或被还原，指示剂由还原态转为氧化态或由氧化态转为还原态时，溶液颜色随之发生变化，从而指示滴定终点。例如，用 $K_2Cr_2O_7$ 溶液滴定 Fe^{2+}，常用二苯胺磺酸钠作指示剂。二苯胺磺酸钠的还原态为无色，氧化态为紫红色，滴定至化学计量点时，稍过量的 $K_2Cr_2O_7$ 就能使二苯胺磺酸钠由还原态转变为氧化态，溶液呈紫红色，因而可以指示滴定终点。邻二氮菲-Fe(Ⅱ)配合物也是常用的氧化还原指示剂之一。

氧化还原指示剂的变色范围取决于其条件电极电位的大小，指示剂不同，条件电极电位不同，同一种指示剂在不同介质中条件电极电位值也不同，表 5-1 列出了部分常用的氧化还原指示剂。

表 5-1　常用的氧化还原指示剂

序号	名称	颜色		条件电位	配制浓度
		氧化态	还原态		
1	二苯胺	紫	无色	0.76	1%浓硫酸溶液
2	二苯胺磺酸钠	紫红	无色	0.84	0.2%水溶液
3	亚甲蓝	蓝	无色	0.53	0.1%水溶液
4	中性红	红	无色	0.24	0.1%乙醇溶液
5	喹啉黄	无色	黄	—	0.1%水溶液
6	硝基邻二氮菲-亚铁	浅蓝	红	1.25	0.025mol/L 水溶液
7	孔雀绿	棕	蓝	—	0.05%水溶液
8	劳氏紫	紫	无色	0.06	0.1%水溶液
9	邻二氮菲-亚铁	浅蓝	红	1.06	(1.485g 邻二氮菲＋0.695g 硫酸亚铁)溶于 100mL 水
10	酸性绿	橘红	黄绿	0.96	0.1%水溶液
11	专利蓝 Ⅴ	红	黄	0.95	0.1%水溶液
12	邻苯氨基苯甲酸	紫红	无色	0.89	0.1%碳酸钠溶液

在选用氧化还原指示剂时，应使指示剂变色的电极电位范围部分或全部处于滴定突跃的电极电位范围内。由于氧化还原指示剂的变色范围很小，选择指示剂时，只要指示剂的条件电极电位处于滴定突跃范围之内就可以，并尽量使指示剂的条件电极电位与化学计量点的电位接近或一致，以减少终点误差。例如，在酸性条件下，用 Ce^{4+} 滴定 Fe^{2+}，滴定突跃的电极电位范围是 $0.86 \sim 1.26V$，化学计量点电位为 $1.06V$，这时可选用邻二氮菲-亚铁（$1.06V$）或邻苯氨基苯甲酸（$0.89V$）为指示剂。如果选用二苯胺磺酸钠为指示剂，就会产生较大的滴定误差。

二、常见氧化还原滴定方法

1. 高锰酸钾法

高锰酸钾
滴定法

高锰酸钾法以高锰酸钾标准溶液为滴定剂。高锰酸钾是一种强氧化剂，在强酸性溶液中与还原剂作用，MnO_4^- 被还原为 Mn^{2+}。

$$MnO_4^- + 8H^+ + 5e^- \rightleftharpoons Mn^{2+} + 4H_2O \qquad \varphi^\ominus = 1.51V$$

在弱酸性、中性或弱碱性溶液中，MnO_4^- 被还原为 MnO_2。

$$MnO_4^- + 2H_2O + 3e^- \rightleftharpoons MnO_2 + 4OH^- \qquad \varphi^\ominus = 0.59V$$

在 NaOH 浓度大于 2mol/L 的碱性溶液中，MnO_4^- 能被很多有机物还原为 MnO_4^{2-}。

$$MnO_4^- + e^- \rightleftharpoons MnO_4^{2-} \qquad \varphi^\ominus = 0.564V$$

由此可见，高锰酸钾在强酸性溶液中具有更强的氧化能力，因此，高锰酸钾的滴定在强酸性溶液中进行，但酸度不宜过高，否则可能会引起高锰酸钾分解。通常用硫酸（3mol/L）酸化高锰酸钾，硝酸因有氧化性，盐酸中的氯离子因有还原性，都不能用于高锰酸钾的酸化。

弱酸性、中性或弱碱性溶液中，MnO_4^- 被还原得不彻底，使其氧化能力大幅降低，且生成的褐色沉淀会妨碍滴定终点的观察，所以很少使用。

强碱性溶液（pH>12）中，高锰酸钾的氧化能力也是下降的，但此时高锰酸钾若用于氧化有机物，有反应速率反而比在酸性介质中更快的特点，所以用高锰酸钾法测定有机物时，大都在强碱性溶液（大于 2mol/L NaOH 溶液）中进行。

标定高锰酸
钾溶液的
注意点

高锰酸钾法中，MnO_4^- 本身呈紫红色，用它滴定无色或浅色的还原剂溶液，MnO_4^- 被还原为几乎无色的 Mn^{2+}，滴定到化学计量点时，只要 MnO_4^- 稍微过量，过量的 KMnO_4 的浓度达到 2×10^{-6} mol/L，就可使溶液显粉红色，30 秒不褪色，即到达滴定终点。

KMnO_4 不符合基准物质条件，标准溶液不能直接配制，且标准溶液不稳定，不能久放，需经常标定。常用的标定高锰酸钾标准溶液的基准试剂有草酸钠、草酸等。高锰酸钾法的优点是高锰酸钾的氧化性强，应用广泛，可以用来直接或间接地测定包括一些非氧化还原性物质在内的多种物质。此外，MnO_4^- 的着色能力很强，滴定时无需另加指示剂。

高锰酸钾法的缺点也是高锰酸钾的氧化性强，使得方法的选择性欠佳，而且反应历程比较复杂，易发生副反应；KMnO_4 标准溶液不够稳定，不能久置，需要经常标定。高锰酸钾法有以下应用。

（1）直接滴定法测定 H_2O_2　高锰酸钾的氧化能力很强，能直接滴定许多还原性物质，如 Fe^{2+}、As^{3+}、Sb^{3+}、$C_2O_4^{2-}$、NO_2^- 和 H_2O_2 等。以 H_2O_2 为例，它在酸性溶液中被高锰酸钾定量氧化，反应式如下：

$$2MnO_4^- + 5H_2O_2 + 6H^+ \longrightarrow 5O_2 + 2Mn^{2+} + 8H_2O$$

此滴定反应在室温下于硫酸溶液介质中即可顺利进行，开始反应较慢，随着 Mn^{2+} 生成，反应加速，为了提高初始反应速率，常常在滴定前加入少量的硫酸锰作催化剂。H_2O_2 中若含有具有还原性的有机物质，会使测定结果偏高，这时应采用碘量法或铈量法测定 H_2O_2。

（2）间接滴定法测定钙　这种方法是利用 MnO_4^- 和 $C_2O_4^{2-}$ 的反应，间接测定能够与 $C_2O_4^{2-}$ 定量生成沉淀且在溶液中没有可变价态的金属离子，如 Ca^{2+}、Ba^{2+}、Zn^{2+}、Th^{4+} 等，这些离子可通过沉淀定量地转化为 $C_2O_4^{2-}$，再用高锰酸钾标准溶液滴定生成的 $C_2O_4^{2-}$。

以 Ca^{2+} 为例，先将 Ca^{2+} 沉淀为 CaC_2O_4，再经过滤、洗涤后将沉淀溶于热的稀硫酸中，最后用 $KMnO_4$ 标准溶液滴定，根据 $KMnO_4$ 消耗量间接求得 Ca^{2+} 的含量。反应式如下：

沉淀反应：$Ca^{2+} + C_2O_4^{2-} =\!=\!= CaC_2O_4 \downarrow$

酸溶反应：$CaC_2O_4 + H_2SO_4 =\!=\!= H_2C_2O_4 + CaSO_4$

滴定反应：$2KMnO_4 + 5H_2C_2O_4 + 3H_2SO_4 =\!=\!= 2MnSO_4 + K_2SO_4 + 10CO_2 + 8H_2O$

这种方法的关键是保证钙离子的沉淀要定量、完全、无损失。为此，需要采取相应的措施：先用盐酸酸化含钙试液，再加入过量的 $(NH_4)_2C_2O_4$，然后以甲基橙为指示剂用稀氨水中和至 pH $3.5 \sim 4.5$，这个过程中沉淀会缓慢生成，从而形成较大颗粒的沉淀，便于后续的过滤及减少洗涤损失，沉淀完全后需要陈化一段时间再过滤、洗涤。洗涤时应用尽可能少量的冷水以少量多次的方法进行，以减少沉淀的溶解损失。高锰酸钾法测定钙，沉淀反应时控制酸度至关重要，如果在中性或弱碱性溶液中进行，会生成部分氢氧化钙或碱式草酸钙，测定结果偏低。

（3）返滴定法测定 MnO_2　利用返滴定法，高锰酸钾法可测定许多氧化性物质，如 MnO_2、PbO_2、$K_2Cr_2O_7$ 等，某些有机物也可用这种方法测定。如测定软锰矿中 MnO_2 含量时，称取一定质量的矿样，准确加入过量的固体草酸钠，然后在硫酸介质中缓慢加热，待 MnO_2 和 $C_2O_4^{2-}$ 反应完毕后，再用 $KMnO_4$ 标准滴定溶液滴定剩余的 $C_2O_4^{2-}$，反应式如下：

还原反应：$MnO_2 + C_2O_4^{2-} + 4H^+ =\!=\!= Mn^{2+} + 2CO_2 + 2H_2O$

滴定反应：$2MnO_4^- + 5H_2C_2O_4 + 6H^+ =\!=\!= 2Mn^{2+} + 10CO_2 + 8H_2O$

（4）测定某些有机化合物　高锰酸钾氧化有机物的反应在强碱性条件下比在酸性溶液中有更快的速率，采用加入过量的高锰酸钾并加热的方法可进一步加速反应。例如测定甘油时，准确加入定量的、过量的高锰酸钾标准滴定溶液于含有试样的 2mol/L NaOH 溶液中，加热，溶液中发生如下反应：

$(CH_2)_2CH(OH)_3 + 14MnO_4^- + 20OH^- =\!=\!= 3CO_3^{2-} + 14MnO_4^{2-} + 14H_2O$

待反应完全后，将溶液酸化，MnO_4^{2-} 歧化成 MnO_4^- 和 MnO_2，加入过量的 $Na_2C_2O_4$ 标准滴定溶液还原所有高价锰为 Mn^{2+}，再以 $KMnO_4$ 标准滴定溶液滴定剩余的 $Na_2C_2O_4$，由两次加入的 $KMnO_4$ 量和 $Na_2C_2O_4$ 的量计算甘油的质量分数。甲醛、甲酸、酒石酸、柠檬酸、苯酚、葡萄糖等都可按此法测定。

（5）测定化学需氧量（COD） COD 是度量水体受还原性物质（主要是有机物）污染程度的综合性指标。它是指水体中还原性物质所消耗的氧化剂的量，换算成氧的质量浓度（以 mg/L 计）。测定时，在水样中加入 H_2SO_4 及一定量的 $KMnO_4$ 溶液，置沸水浴中加热，使其中的还原性物质氧化。剩余的 $KMnO_4$ 用一定量过量的 $Na_2C_2O_4$ 还原，再以 $KMnO_4$ 标准溶液返滴定过量的 $Na_2C_2O_4$。该法适用于地表水、饮用水和生活污水 COD 的测定。对于工业废水中 COD 的测定，要采用 $K_2Cr_2O_7$ 法。

2. 重铬酸钾法

重铬酸钾法是以 $K_2Cr_2O_7$ 为标准溶液进行滴定的氧化还原滴定方法。$K_2Cr_2O_7$ 是一种强氧化剂，在酸性溶液中，被还原为 Cr^{3+}，反应如下：

$$Cr_2O_7^{2-} + 14H^+ + 6e^- \rightleftharpoons 2Cr^{3+} + 7H_2O \qquad \varphi^{\ominus}_{Cr_2O_7^{2-}/Cr^{3+}} = 1.33V$$

$K_2Cr_2O_7$ 在酸性溶液中的氧化能力稍弱于 $KMnO_4$，应用范围不如 $KMnO_4$ 广泛，但它与 $KMnO_4$ 对比，具有以下优点：

① $K_2Cr_2O_7$ 溶液较稳定，置于密闭容器中，浓度可保持较长时间不改变。

② $K_2Cr_2O_7$ 的条件电极电位与氯的条件电极电位相等，因此可在 HCl 介质中进行滴定，$K_2Cr_2O_7$ 不会氧化 Cl^- 而产生误差。

③ $K_2Cr_2O_7$ 容易制得纯品，因此可作基准物质直接配制成标准溶液。

用 $K_2Cr_2O_7$ 法测定样品需用氧化还原指示剂，常用的指示剂包括邻菲罗啉、邻苯氨基苯甲酸、二苯胺磺酸钠等。重铬酸钾法有以下应用。

（1）铁矿石中全铁的测定 $K_2Cr_2O_7$ 与 Fe^{2+} 的反应是重铬酸钾法的典型反应，以铁矿石中全铁含量的测定为例：试样经热的浓盐酸溶解后，加 $SnCl_2$ 趁热将 Fe^{3+} 还原为 Fe^{2+}，冷却后，过量的 $SnCl_2$ 用 $HgCl_2$ 氧化，溶液中析出丝状的 Hg_2Cl_2 白色沉淀，用水稀释并加入 1～2mol/L 的 H_2SO_4-H_3PO_4 混合酸，以二苯胺磺酸钠为指示剂，用 $K_2Cr_2O_7$ 标准溶液滴定至溶液由浅绿色突变为紫红色即为滴定终点。主要反应如下：

溶解反应：$Fe_2O_3 + 6HCl \rightleftharpoons 2FeCl_3 + 3H_2O \quad FeO + 2HCl \rightleftharpoons FeCl_2 + H_2O$

还原反应：$2Fe^{3+} + Sn^{2+} \rightleftharpoons 2Fe^{2+} + Sn^{4+}$

滴定反应：$Cr_2O_7^{2-} + 6Fe^{2+} + 14H^+ \rightleftharpoons 2Cr^{3+} + 6Fe^{3+} + 7H_2O$

在滴定前加入 H_2SO_4-H_3PO_4 混合酸的目的一是控制酸度，二是利用 H_3PO_4 配位 Fe^{3+}，消除 Fe^{3+} 黄色的干扰，同时降低溶液中 Fe^{3+} 浓度，降低 Fe^{3+}/Fe^{2+} 电极电位，使滴定的突跃范围增大，二苯胺磺酸钠指示剂变色的电位范围能较好地落在滴定突跃范围内，降低终点误差。

方法中使用的汞盐是有毒物质，对环境的危害比较大，近年来为了保护环境，发展出了一些无汞测铁的新方法。如氯化亚锡-三氯化钛联合还原法，这种方法是在还原阶段以 $SnCl_2$ 还原大部分的 Fe^{3+}，剩余的少量 Fe^{3+} 以钨酸钠作指示剂，用 $TiCl_3$ 滴定至出现蓝色的五价钨化合物，俗称"钨蓝"，此时表明 Fe^{3+} 已全部被还原，稍过量的 $TiCl_3$ 在 Cu^{2+} 的催化下加水稀释，滴加稀 $K_2Cr_2O_7$ 至蓝色刚好褪去，以除去过量的 $TiCl_3$，以后的滴定步骤与前面的相同。此法无毒，对环境没有污染，但精密度、准确度都不高。

（2）COD 的测定 在酸性介质中以重铬酸钾为氧化剂，测定的化学需氧量记作 COD_{Cr}。在水样中加入已知量的重铬酸钾溶液，并在强酸介质下以银盐作催化剂，经沸腾回流后，以邻二氮菲-亚铁为指示剂，用硫酸亚铁铵滴定水样中未被还原的重铬酸钾，由消耗的硫酸亚铁铵的量换算成消耗氧的质量浓度。

采用重铬酸钾法测定水的化学需氧量应注意：重铬酸钾法适用于各种类型的 COD 值大于 30mg/L 的水样，其测定上限为 700mg/L。对于 COD 值在 30～50mg/L 的水样，应采用低浓度的重铬酸钾标准溶液（0.0250mol/L）氧化，加热回流以后，采用低浓度（0.010mol/L）的硫酸亚铁铵标准溶液滴定；对于 COD 值在 50～700mg/L 的水样，应采用高浓度的重铬酸钾标准溶液（0.250mol/L）氧化，加热回流以后，采用高浓度（0.10mol/L）的硫酸亚铁铵标准溶液滴定；对于 COD 值大于 700mg/L 的污染严重的水样，需经过多次粗试后确定适当的稀释倍数，将待测水样稀释后测定。

3．碘量法

碘量法是基于 I_2 的氧化性和 I^- 的还原性进行测定的氧化还原滴定方法。因 I_2 在水中溶解度小，通常将其溶解在 KI 溶液中，增加其溶解度。

$$I_2 + I^- \rightleftharpoons I_3^-$$

I_3^- 在反应中仍能定量释放出 I_2，并不造成 I_2 在量上的变化，故通常仍写为 I_2。I_2/I^- 电对的半反应及标准电极电位为：

$$I_2 + 2e^- \rightleftharpoons 2I^- \qquad \varphi_{I_2/I^-}^{\ominus} = 0.534V$$

I_2 为较弱的氧化剂，能与较强的还原剂作用，而 I^- 是中等强度的还原剂，能与许多氧化剂作用，故碘量法有直接碘量法和间接碘量法两种。

碘量法中常用的标准滴定溶液有碘液和硫代硫酸钠溶液，碘和硫代硫酸钠都不是基准试剂，需要采用标定法进行配制，标定碘标准溶液的基准试剂是三氧化二砷，标定硫代硫酸钠标准溶液的基准试剂是重铬酸钾。淀粉是碘量法的专属指示剂，与碘结合显蓝色，解吸后游离淀粉变回无色，以此指示滴定终点。

（1）直接碘量法 直接碘量法是利用 I_2 的氧化性，以 I_2 为标准滴定溶液直接滴定标准电极电位值比 I_2/I^- 小的还原性物质的氧化还原滴定方法。可测定的物质包括 S^{2-}、SO_3^{2-}、Sn^{2+}、$S_2O_3^{2-}$、As^{3+}、维生素 C 等。如 SO_2 的测定，SO_2 被水吸收，形成 H_2SO_3 可用 I_2 标准溶液滴定：

$$SO_2 + H_2O \longrightarrow H_2SO_3$$
$$H_2SO_3 + I_2 + H_2O \longrightarrow 2HI + H_2SO_4$$

由于 I_2 氧化能力不强，所以仅限于滴定较强的还原剂，因此可用于直接滴定的物质不多。

直接碘量法应在酸性或中性溶液中进行。在碱性溶液（pH＞9）中，则有如下副反应（I_2 的歧化反应）：

$$3I_2 + 6OH^- \longrightarrow IO_3^- + 5I^- + 3H_2O$$

（2）间接碘量法 间接碘量法是利用 I^- 的还原性，标准电极电位比 I_2/I^- 高的物

质可将 I^- 氧化而析出 I_2，然后用 $Na_2S_2O_3$ 标准溶液滴定析出的 I_2 的氧化还原滴定方法。例如氧化性强的 $KMnO_4$ 在酸性溶液中与过量的 KI 作用，释放出来的 I_2 用 $Na_2S_2O_3$ 标准溶液滴定，其基本反应如下：

$$2MnO_4^- + 10I^- + 16H^+ \longrightarrow 2Mn^{2+} + 5I_2 + 8H_2O$$

$$I_2 + 2S_2O_3^{2-} \longrightarrow 2I^- + S_4O_6^{2-}$$

利用这一方法可以测定很多氧化性物质，如 Cu^{2+}、$Cr_2O_7^{2-}$、IO_3^-、BrO_3^-、AsO_4^{3-}、ClO^-、NO_2^-、H_2O_2、MnO_4^- 等，应用范围相当广泛。

间接碘量法还有一种情况，即利用过量的碘氧化还原性物质，再用 $Na_2S_2O_3$ 滴定剩余的 I_2，利用这种方法还可测定还原性物质。间接碘量法两种情况的基本滴定反应都有 I_2 和 $Na_2S_2O_3$ 的反应。

间接碘量法应在中性或弱酸性溶液中进行，通常控制 $[H^+] = 3 \sim 4mol/L$，以防止 I_2 在碱性条件下发生歧化反应而改变 I_2 与 $Na_2S_2O_3$ 的计量关系。

间接碘量法控制的酸度也不宜过高，因为在强酸性溶液中，$Na_2S_2O_3$ 会发生分解，同时，I^- 在酸性溶液中也容易被空气中的 O_2 氧化。

$$S_2O_3^{2-} + 2H^+ \longrightarrow SO_2 + S + H_2O$$

$$4I^- + 4H^+ + O_2 \longrightarrow 2I_2 + 2H_2O$$

间接碘量法的误差来源一方面是 I_2 的挥发，另一方面是 I^- 被氧化。碘量法主要有以下应用。

① 铜矿石中铜的测定　样品经 HNO_3、HCl、溴水和尿素处理成溶液后，用 NH_4HF_2（即 $NH_4F + HF$）掩蔽试液中的 Fe^{3+}，使其形成稳定的 $[FeF_6]^{3-}$ 配合物，并保持溶液的 pH 为 $3 \sim 4$，使 Cu^{2+} 不沉淀，$As(V)$、$Sb(V)$ 不氧化 I^-，加入 KI 与 Cu^{2+} 反应析出 I_2，以淀粉为指示剂，用 $Na_2S_2O_3$ 标准溶液滴定。反应式如下：

$$2Cu^{2+} + 4I^- \longequal 2CuI + I_2$$

$$I_2 + 2S_2O_3^{2-} \longequal 2I^- + S_4O_6^{2-}$$

② 钡盐中钡的测定　在 $HAc\text{-}NaAc$ 缓冲溶液中，CrO_4^{2-} 能将 Ba^{2+} 沉淀为 $BaCrO_4$，沉淀经过滤洗涤后，用稀 HCl 溶解，同时将 $BaCrO_4$ 中的 CrO_4^{2-} 定量地置换成 $Cr_2O_7^{2-}$，加入过量的 KI 后，$Cr_2O_7^{2-}$ 氧化 I^- 再定量析出 I_2，以淀粉为指示剂，用 $Na_2S_2O_3$ 标准溶液滴定。反应式如下：

$$Ba^{2+} + CrO_4^{2-} \longequal BaCrO_4$$

$$2BaCrO_4 + 4H^+ \longequal 2Ba^{2+} + H_2Cr_2O_7 + H_2O$$

$$Cr_2O_7^{2-} + 6I^- + 14H^+ \longequal 3I_2 + 2Cr^{3+} + 7H_2O$$

$$I_2 + 2S_2O_3^{2-} \longequal 2I^- + S_4O_6^{2-}$$

③ 维生素 C 的测定　维生素 C 的还原性很强，可采用直接碘量法。称取一定量试样用新煮沸冷却的无 O_2 水溶解，因为维生素 C 有很强的还原性，尤其在碱性介质中更甚，故此时加 HAc 酸化溶液，再加入淀粉指示剂，迅速用 I_2 标准溶液滴定至终点。维生素 C 在空气中易被氧化，所以在 HAc 酸化后要立刻滴定；蒸馏水溶解有氧，因此需要事先煮沸除去氧，否则会使测定结果偏低；如果试液中含有能被 I_2 直接氧

化的物质，则对测定有干扰。

④ 直接碘量法测硫　测定溶液中的 S^{2-} 或 H_2S 时，先将溶液调节至弱酸性，以淀粉为指示剂，用 I_2 标准溶液直接滴定 H_2S：

$$H_2S+I_2 = S+2I^- +2H^+$$

该滴定过程不能在碱性溶液中进行，因为除 I_2 将发生歧化反应外，部分 S^{2-} 也会被氧化成 SO_4^{2-}。测定钢铁中的硫含量时，先将样品置于密封的管式炉中高温熔融，通入空气氧化，形成 SO_2，用水吸收，得到 H_2SO_3 溶液，再以淀粉为指示剂，用 I_2 标准溶液滴定 H_2SO_3：

$$SO_2+H_2O = H_2SO_3$$
$$I_2+H_2SO_3+H_2O = 2I^- +SO_4^{2-} +4H^+$$

三、氧化还原滴定中的计算

① 采用重铬酸钾法测定某褐铁矿的含铁量，称取试样 0.2000g，经处理后用 0.01200mol/L 重铬酸钾标准溶液滴定，消耗重铬酸钾标准溶液 25.00mL，计算该铁矿中铁的质量分数。（已知铁的摩尔质量为 55.85g/mol）

解：

滴定反应式如下：

$$Cr_2O_7^{2-} +6Fe^{2+} +14H^+ = 2Cr^{3+} +6Fe^{3+} +7H_2O$$

氧化还原滴定中的计算

试样中铁的质量分数 w_{Fe}：

$$w_{Fe}=\frac{6c_{K_2Cr_2O_7}V_{K_2Cr_2O_7}\times10^{-3}M_{Fe}}{m_s}\times100\%$$
$$=\frac{6\times0.01200\times25.00\times10^{-3}\times55.85}{0.2000}\times100\%=50.26\%$$

本例中重铬酸钾标准溶液的浓度若改为：$c_{\frac{1}{6}K_2Cr_2O_7}=0.07200mol/L$，则铁的质量分数可按下式计算：

$$w_{Fe}=\frac{c_{\frac{1}{6}K_2Cr_2O_7}V_{K_2Cr_2O_7}\times10^{-3}M_{Fe}}{m_s}\times100\%$$
$$=\frac{0.07200\times25.00\times10^{-3}\times55.85}{0.2000}\times100\%=50.26\%$$

② 称取软锰矿（主要成分 MnO_2）试样 0.5000g，加入 0.7500g $H_2C_2O_4\cdot2H_2O$ 及稀 H_2SO_4，加热至反应完全，剩余的 $H_2C_2O_4\cdot2H_2O$ 用 0.02000mol/L 的 $KMnO_4$ 标准溶液滴定，用去 $KMnO_4$ 标准溶液 30.00mL，计算软锰矿中锰的含量（以 Mn 计）。已知：$H_2C_2O_4\cdot2H_2O$ 的相对分子质量为 126.07，Mn 的相对原子质量为 54.94。

解：此例为高锰酸钾返滴定 MnO_2，有关反应如下：

$$MnO_2+H_2C_2O_4+2H^+ = Mn^{2+} +2CO_2+2H_2O$$
$$2MnO_4^- +5H_2C_2O_4+6H^+ = 2Mn^{2+} +10CO_2+8H_2O$$

分解计算如下：

由反应式可知各物质的计量关系为：

$$n_{\text{Mn}}=n_{\text{MnO}_2}=n_{\text{H}_2\text{C}_2\text{O}_4}\,;\quad 5n_{\text{KMnO}_4}=2n_{\text{H}_2\text{C}_2\text{O}_4}\left(\frac{n_{\text{KMnO}_4}}{n_{\text{H}_2\text{C}_2\text{O}_4}}=\frac{2}{5}\right)$$

实验所用 $\text{H}_2\text{C}_2\text{O}_4$ 总物质的量：

$$n_{\text{H}_2\text{C}_2\text{O}_4(\text{总})}=\frac{m}{M_{\text{H}_2\text{C}_2\text{O}_4\cdot2\text{H}_2\text{O}}}=\frac{0.7500}{126.07}=0.005949(\text{mol})$$

$\text{H}_2\text{C}_2\text{O}_4$ 还原 MnO_2 后剩余的物质的量依据 KMnO_4 和 $\text{H}_2\text{C}_2\text{O}_4$ 的计量关系求得：

$$n_{\text{H}_2\text{C}_2\text{O}_4\cdot\text{H}_2\text{O}}=\frac{5}{2}c_{\text{KMnO}_4}V=\frac{5}{2}\times0.02000\times30.00=1.5(\text{mmol})=0.001500(\text{mol})$$

用于还原 MnO_2 的 $\text{H}_2\text{C}_2\text{O}_4$ 的物质的量等于总量减去剩余的：

$$0.005949-0.001500=0.004449(\text{mol})$$

即所称取试样中锰的物质的量为 $n_{\text{Mn}}=0.004449\text{mol}$，则试样中锰的质量分数为：

$$w_{\text{Mn}}=\frac{m_1}{m_s}\times100\%=\frac{n_{\text{Mn}}M_{\text{Mn}}}{m_s}\times100\%=\frac{0.004449\times54.94}{0.5000}\times100\%=48.89\%$$

可按下列总的计算公式直接计算：

$$w_{\text{Mn}}=\frac{\left(\dfrac{m}{M_{\text{H}_2\text{C}_2\text{O}_4\cdot2\text{H}_2\text{O}}}-\dfrac{5}{2}c_{\text{KMnO}_4}V\right)M_{\text{Mn}}}{m_s}\times100\%$$

$$=\frac{\left(\dfrac{0.7500}{126.07}-\dfrac{5}{2}\times0.02000\times30.00\times10^{-3}\right)\times54.94}{0.5000}\times100\%=48.89\%$$

式中　　w_{Mn}——试样中锰的质量分数，%；

m——称取 $\text{H}_2\text{C}_2\text{O}_4\cdot2\text{H}_2\text{O}$ 的质量，g；

$M_{\text{H}_2\text{C}_2\text{O}_4\cdot2\text{H}_2\text{O}}$——$\text{H}_2\text{C}_2\text{O}_4\cdot2\text{H}_2\text{O}$ 的摩尔质量，g/mol；

c_{KMnO_4}——高锰酸钾标准溶液的浓度，mol/L；

V——消耗高锰酸钾标准溶液的体积，L；

M_{Mn}——锰的摩尔质量，g/mol；

m_s——称取试样的质量，g。

③ 现有一未知浓度的 KI 溶液，按下列操作测定其浓度：准确量取待测液 25.00mL，加入稀盐酸溶液和 10.00mL 0.05000mol/L KIO_3 溶液，反应完全后加热挥发掉析出的碘，冷却后再加入过量的 KI 与剩余的 KIO_3 反应，析出的碘用 0.1008mol/L 的 $\text{Na}_2\text{S}_2\text{O}_3$ 标准溶液滴定，耗去 21.14mL，试计算 KI 溶液的浓度。

解：相关反应式如下：

$$\text{KIO}_3+5\text{KI}+6\text{HCl}=\!=\!=3\text{I}_2+6\text{KCl}+3\text{H}_2\text{O}$$
$$\text{I}_2+2\text{Na}_2\text{S}_2\text{O}_3=\!=\!=2\text{NaI}+\text{Na}_2\text{S}_4\text{O}_6$$

各物质之间的计量关系：

$n_{\text{KI}}=5n_{\text{KIO}_3}$；由于 $n_{\text{Na}_2\text{S}_2\text{O}_3}=2n_{\text{I}_2}$，$n_{\text{I}_2}=3n_{\text{KIO}_3}$，故 $n_{\text{Na}_2\text{S}_2\text{O}_3}=6n_{\text{KIO}_3}$。

KI 溶液的浓度 c_{KI}：

$$c_{\text{KI}}=\frac{5\left(c_{\text{KIO}_3}V_{\text{KIO}_3}-\dfrac{1}{6}c_{\text{Na}_2\text{S}_2\text{O}_3}V_{\text{Na}_2\text{S}_2\text{O}_3}\right)}{V_{\text{KI}}}$$

$$=\frac{5\times\left(0.05000\times10.00-\frac{1}{6}\times0.1008\times21.14\right)}{25.00}=0.02897(\text{mol/L})$$

练习题

一、选择题

1. 滴定分析中，用重铬酸钾为标准溶液测定铁，属于（　　）。

A. 酸碱滴定法　　　B. 配位滴定法　　　C. 氧化还原滴定法　　　D. 沉淀滴定法

2. 在氧化还原滴定法中，高锰酸钾法使用的是（　　）。

A. 特殊指示剂　　　B. 金属离子指示剂　　　C. 氧化还原指示剂　　　D. 自身指示剂

3. 用 $Na_2C_2O_4$ 标定高锰酸钾时，刚开始时褪色较慢，但之后褪色变快的原因是（　　）。

A. 温度过低　　　　　　　　　B. 反应进行后，温度升高

C. Mn^{2+} 催化作用　　　　　　D. 高锰酸钾浓度变小

4. 成语是中华民族灿烂文化中的瑰宝，许多成语中蕴含着丰富的化学原理，下列成语中涉及氧化还原反应的是（　　）。

A. 木已成舟　　　B. 铁杵成针　　　C. 蜡炬成灰　　　D. 滴水成冰

5. 下列哪种溶液在滴定管读数时，读液面的最高点（　　）。

A. NaOH 标准溶液　　　　　　B. 硫代硫酸钠标准溶液

C. 硫酸亚铁标准溶液　　　　　D. 高锰酸钾标准溶液

6. 配制 I_2 标准溶液时，正确的是（　　）。

A. 碘溶于浓碘化钾溶液中　　　B. 碘直接溶于蒸馏水中

C. 碘溶解于水后，加碘化钾　　D. 碘能溶于酸性溶液中

7. 间接碘量法对植物油中碘价进行测定时，指示剂淀粉溶液应（　　）。

A. 滴定开始前加入　　　　　　B. 滴定一半时加入

C. 滴定近终点时加入　　　　　D. 滴定终点加入

8. $KMnO_4$ 标准溶液配制时，正确的是（　　）。

A. 将溶液加热煮沸，冷却后用砂芯漏斗过滤贮于棕色试剂瓶中

B. 将溶液加热煮沸 1h，放置数日，用砂芯漏斗过滤贮于无色试剂瓶中

C. 将溶液加热煮沸 1h，放置数日，用砂心漏斗过滤贮于棕色试剂瓶中

D. 将溶液加热，待完全溶解，放置数日，贮于棕色试剂瓶中

二、计算题

1. 用 30.00mL 某 $KMnO_4$ 标准溶液恰能氧化一定质量的 $KHC_2O_4 \cdot H_2O$，同样质量的 $KHC_2O_4 \cdot H_2O$ 又恰能与 25.20mL 浓度为 0.2012mol/L 的 KOH 溶液反应。计算此 $KMnO_4$ 溶液的浓度。

2. 将 1.0028g H_2O_2 试样配制成 250mL 试液，准确移此试液 25.00mL，用 $c\left(\frac{1}{5}KMnO_4\right)=0.1000$mol/L 的高锰酸钾标准滴定溶液滴定，消耗 17.38mL，求

H_2O_2 试样中 H_2O_2 的质量分数。

3. 标定 $KMnO_4$ 标准溶液的浓度时，精密称取 0.3562g 基准物质草酸钠溶解于水中并稀释至 250mL，精密量取 10.00mL，用 $KMnO_4$ 标准溶液滴定至终点，消耗 48.36mL，计算 $KMnO_4$ 标准溶液的浓度。

4. 测定某试样中 $CaCO_3$ 含量时，称取试样 0.2303g，溶于酸后加入过量 $(NH_4)_2C_2O_4$ 使 Ca^{2+} 沉淀为 CaC_2O_4，过滤洗涤后用硫酸溶解，再用 22.30mL 0.04024mol·L^{-1} $KMnO_4$ 溶液完成滴定，计算试样中 $CaCO_3$ 的质量分数。

三、思考题

1. 影响氧化还原反应速率的因素有哪些？
2. 影响氧化还原滴定突跃范围的因素是什么？准确滴定的条件是什么？
3. 氧化还原滴定法的指示剂有哪几种类型？
4. 酸度对高锰酸钾法有什么影响？
5. 简述重铬酸钾法的优缺点。
6. 碘量法中如何防止 I_2 的挥发和 I^- 被氧化？
7. 使用淀粉指示剂时应注意哪些问题？

技能训练

一、高锰酸钾标准溶液的配制与标定

【训练目的】

1. 掌握标定高锰酸钾的原理。
2. 会配制高锰酸钾溶液。
3. 会准确判断滴定终点。
4. 会标定高锰酸钾溶液。
5. 会进行数据处理并撰写实验报告。

【原理】

市售 $KMnO_4$ 纯度仅在 99% 左右，含 $MnSO_4$、MnO_2 等杂质，所用蒸馏水中也常含有还原性物质如尘埃、有机物等，能够与高锰酸钾反应，$KMnO_4$ 本身具有易分解等特性。因此，配制高锰酸钾标准滴定溶液时，不能采用直接法配制，必须先配制成近似浓度的溶液，然后用基准物质进行标定。

标定 $KMnO_4$ 溶液的基准物质相当多，如 $Na_2C_2O_4$、As_2O_3、$H_2C_2O_4·2H_2O$ 和纯金属铁丝等。其中以 $Na_2C_2O_4$ 较为常用，因为它容易提纯，性质稳定，不含结晶水。$Na_2C_2O_4$ 在 105~110℃ 烘干约 2h，冷却后，就可以使用。

在 H_2SO_4 溶液中，MnO_4^- 与 $C_2O_4^{2-}$ 的反应如下：

$$2MnO_4^- + 5C_2O_4^{2-} + 16H^+ === 2Mn^{2+} + 10CO_2\uparrow + 8H_2O$$

【仪器与试剂】

仪器：小烧杯（50mL 或 100mL）、万分之一电子分析天平、容量瓶（200mL）、玻

璃棒、试剂瓶（250mL）、锥形瓶、酸式滴定管（棕色）。

试剂：草酸钠晶体（基准物质）、高锰酸钾。

【操作步骤】

1. 配制 0.02mol/L 高锰酸钾溶液

称取 3.3g 高锰酸钾溶解于 1050mL 水中，缓缓煮沸 15min，冷却，于暗处放置 2 周。也可加热并保持微沸状态约 1 小时，中途间或补加一定量的蒸馏水，以保持溶液体积基本不变。冷却后将溶液转移至棕色瓶内，在暗处放置 2～3 天。用在同样浓度高锰酸钾溶液中煮沸 5 分钟的 4 号玻璃砂芯坩埚过滤，滤液贮于棕色瓶中。

2. 标定高锰酸钾溶液

称量 3 份草酸钠基准物质于 3 个锥形瓶中，每份质量为 0.12～0.13g，加 20mL 水使草酸钠固体溶解，加 10mL 硫酸（3mol/L），加热锥形瓶至瓶口刚好冒蒸汽，趁热用高锰酸钾滴定至溶液呈淡紫色，并保持 30s 不褪色即为终点，平行滴定三次。高锰酸钾标准溶液的浓度计算公式如下：

$$c = \frac{2m}{5MV \times 10^{-3}}$$

式中　c——$KMnO_4$ 标准溶液的浓度，mol/L；

　　　m——草酸钠的质量，g；

　　　M——草酸钠的摩尔质量，g/mol；

　　　V——滴定时消耗的 $KMnO_4$ 溶液的体积，mL。

【注意事项】

为了使标定反应能定量而较快地进行，标定时应注意以下滴定条件：

(1) 温度　常将溶液加热至 75～85℃ 进行滴定，滴定完毕时，温度不应低于 55℃，滴定时温度不宜超过 90℃，否则 $H_2C_2O_4$ 部分分解，导致标定结果偏高。

$$H_2C_2O_4 \longrightarrow CO_2\uparrow + CO\uparrow + H_2O$$

(2) 酸度　酸度过低，$KMnO_4$ 易分解为 MnO_2；酸度过高，$H_2C_2O_4$ 易分解。一般滴定开始时的酸度应控制在 0.5～1mol/L。

(3) 滴定速度　不能太快，尤其刚开始时，否则 $KMnO_4$ 来不及和 $C_2O_4^{2-}$ 反应，就在热的酸溶液中分解，导致标定结果偏低。

$$4MnO_4^- + 12H^+ \longrightarrow 4MnO_2 + O_2\uparrow + 6H_2O$$

(4) 催化剂　高锰酸钾与草酸钠的反应产物 Mn^{2+} 是反应的催化剂，因此该反应是一个自催化反应，随着产物中 Mn^{2+} 浓度的增加，滴定速度可以逐渐加快。因此，常在滴定开始前加入少量的 $MnSO_4$ 作催化剂。

(5) 指示剂　$KMnO_4$ 自身可作为滴定时的指示剂，但使用浓度低至 0.002mol/L $KMnO_4$ 溶液作为滴定剂时，应加入二苯胺磺酸钠或 1,10-邻二氮菲-Fe(Ⅱ) 等指示剂来确定终点。

(6) 滴定终点　用 $KMnO_4$ 滴定至溶液呈淡粉红色且 30s 不褪色即为终点，放置时间过长，空气中的还原性物质能使 $KMnO_4$ 还原而褪色。

二、双氧水中过氧化氢含量的测定

【训练目的】

1. 能够独立完成双氧水中过氧化氢含量的测定工作。

2. 学会运用氧化还原滴定法完成实际工作中的相关分析化验任务。

双氧水中过
氧化氢含量
的测定

【原理】

过氧化氢虽然在一般条件下均表现为强氧化剂，但遇到高锰酸钾时表现为还原剂，在酸性溶液中过氧化氢很容易被高锰酸钾定量氧化为氧气，反应式如下：

$$2MnO_4^- + 5H_2O_2 + 6H^+ \xrightarrow{\hspace{1cm}} 2Mn^{2+} + 8H_2O + 5O_2$$

反应中高锰酸钾与过氧化氢的化学计量关系为 2∶5，根据滴定时高锰酸钾标准滴定溶液的消耗量，即可计算出过氧化氢中过氧化氢的含量，以 $\rho_{H_2O_2}$（g/L）表示。

【仪器与试剂】

仪器：小烧杯（50mL 或 100mL）、容量瓶（200mL）、移液管（20mL）、锥形瓶、酸式滴定管（棕色）。

试剂：30％双氧水、0.02mol/L 的高锰酸钾标准溶液。

【操作步骤】

1. 稀释双氧水

准确移取 1.00mL 30％双氧水置于 200mL 容量瓶中，稀释至刻度。

2. 测定过氧化氢含量

准确移取 20.00mL 过氧化氢稀释液置于 250mL 锥形瓶中，加 10mL 3mol/L 的硫酸溶液，用 0.02mol/L 的高锰酸钾标准溶液滴定至溶液呈淡紫色，保持 30s 不褪色即为终点，平行滴定 3 次。双氧水中过氧化氢的含量计算公式如下：

$$\rho_{H_2O_2} = \frac{5c_{KMnO_4} V_{KMnO_4} M_{H_2O_2} \times 200}{2V_{双氧水试样} V_{双氧水稀释液}}$$

式中　$\rho_{H_2O_2}$——双氧水中过氧化氢的含量，g/L；

c_{KMnO_4}——高锰酸钾标准溶液的浓度，mol/L；

V_{KMnO_4}——滴定时消耗的高锰酸钾标准溶液体积，mL；

$M_{H_2O_2}$——过氧化氢的摩尔质量，g/mol；

$V_{双氧水试样}$——稀释时移取的双氧水试样体积，mL；

$V_{双氧水稀释液}$——移取的双氧水稀释液体积，mL。

【注意事项】

1. 高锰酸钾溶液的颜色较深，滴定至终点读数时应读弯月面的上缘。

2. 为防止过氧化氢分解，试液应注意密封。

项目六

沉淀滴定技术

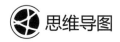 思维导图

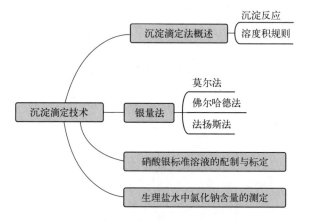

沉淀滴定法概述 —— 沉淀反应 / 溶度积规则

沉淀滴定技术 —— 银量法 —— 莫尔法 / 佛尔哈德法 / 法扬斯法

硝酸银标准溶液的配制与标定

生理盐水中氯化钠含量的测定

知识目标

1. 了解沉淀滴定的原理。
2. 了解沉淀滴定法中不同指示剂的工作原理。

能力目标

1. 会正确控制沉淀滴定的条件。
2. 会根据化学计量关系计算沉淀滴定分析中待测物质的含量。

职业素养目标

　　银量法实验中会产生含银废物，如果和其它废液混合，不仅增加处理成本，而且造成浪费。在实验中综合回收含银废物，增强节约意识、环保意识、生态意识，倡导绿色低碳的生产生活方式，推进生态文明建设；养成认真负责的工作态度，增强责任担当、大局意识，遵守职业道德和职业规范；要认识到"科学研究永无止境"，坚定理想信念，学好专业知识，将来在科学的未知领域进行探索和研究。

 **必备知识**

一、沉淀滴定法概述

1. 沉淀反应

沉淀滴定法是以沉淀反应为基础的一种滴定分析方法。沉淀反应很多，但能用于滴定分析的沉淀反应必须符合以下几个条件：

① 沉淀反应必须迅速，并按一定的化学计量关系进行。当沉淀反应进行后，反应产物应能尽快地以沉淀形态析出，而不应形成稳定的过饱和溶液。

② 生成的沉淀应该具有恒定的组成，而且溶解度必须很小。这是保证沉淀滴定法测量准确度的基础。沉淀溶解度越小，到达理论终点时，未被沉淀的待测离子的浓度越小，即沉淀反应进行得越完全；同时，沉淀溶解度越小，则滴定突跃范围越大，便于确定滴定终点。

③ 有确定化学计量点的简单方法。这是所有滴定分析方法共有的问题，简便而准确地判断理论终点的到达，及时停止滴定，是关系到滴定分析成败的前提。

④ 沉淀的吸附现象不会影响滴定终点的确定。

绝对不溶于水的物质是不存在的，我们习惯上把在水中溶解度极小的物质称为难溶性物质，如 $BaSO_4$、$CaCO_3$、$AgCl$ 等。沉淀是难溶性物质从溶液中析出的过程，产生沉淀的化学反应称为沉淀反应。物质的沉淀和溶解是一个平衡过程。例如，在一定温度下，把难溶电解质 $AgCl$ 放入水中，一部分 Ag^+ 和 Cl^- 脱离 $AgCl$ 的表面，与水结合成为水合离子进入溶液（这一过程称为沉淀的溶解）；水合 Ag^+ 和 Cl^- 不断地运动，有些水合离子碰到 $AgCl$ 固体的表面后，又重新形成难溶的 $AgCl$。经过一段时间后，$AgCl$ 溶解的速率和生成的速率相等，建立了固体和溶液中离子间沉淀-溶解的动态平衡，溶液中离子的浓度不再变化。通常用溶度积常数 K_{sp} 来判断难溶性盐是沉淀还是溶解。溶度积常数是指在一定温度下，在难溶电解质的饱和溶液中，组成沉淀的各离子浓度幂的乘积为一常数。

组成为 A_mB_n 的任一种难溶电解质，在一定温度的水溶液中达沉淀溶解平衡时，平衡反应方程式为：

$$A_mB_n(s) \rightleftharpoons mA^{n+}(aq) + nB^{m-}(aq)$$

溶度积常数为：

$$K_{sp} = [A^{n+}]^m[B^{m-}]^n$$

K_{sp} 和其它平衡常数一样，只是温度的函数，与溶液中离子浓度无关，在一定温度下，K_{sp} 的大小可以反映物质的溶解能力和生成沉淀的难易。同种类型难溶电解质的 K_{sp} 越大，表示其溶解度也越大，K_{sp} 越小，说明其溶解度也越小。不同类型的难溶电解质，由于溶度积表达式中离子浓度的幂指数不同，所以不能根据溶度积的大小来直接判断溶解度的大小。

2. 溶度积规则

任一难溶电解质，在水溶液中都存在下列解离过程：

$$A_m B_n(s) \Longrightarrow m A^{n+}(aq) + n B^{m-}(aq)$$

在此过程中的任一状态，离子浓度幂的乘积用 Q_i 表示为：

$$Q_i = c(A^{n+})^m c(B^{m-})^n$$

Q_i 称为该难溶电解质的离子积。离子积可用于判断溶液的平衡状态和沉淀反应进行的方向。

当 $Q_i = K_{sp}$ 时，溶液处于沉淀溶解平衡状态，此时的溶液为饱和溶液，溶液中既无沉淀生成，又无固体溶解。

当 $Q_i > K_{sp}$ 时，溶液处于过饱和状态，会有沉淀生成，随着沉淀的生成，溶液中离子浓度下降，直至 $Q_i = K_{sp}$ 时达到平衡。

当 $Q_i < K_{sp}$ 时，溶液未达到饱和，若溶液中有沉淀存在，沉淀会发生溶解，随着沉淀的溶解，溶液中离子浓度增大，直至 $Q_i = K_{sp}$ 时达到平衡；若溶液中无沉淀存在，两种离子间无定量关系。

利用溶度积规则，可以通过控制溶液中离子的浓度，使沉淀产生或溶解。

二、银量法

由于上述条件的限制，能用于沉淀滴定法的反应并不多，目前具有实用价值的主要是生成难溶性银盐的反应，例如：

$$Ag^+ + Cl^- \Longrightarrow AgCl\downarrow \quad （白色）$$

$$Ag^+ + SCN \Longrightarrow AgSCN\downarrow \quad （白色）$$

这种利用形成难溶性银盐反应进行沉淀滴定的方法称为银量法。银量法主要用于测定 Cl^-、Br^-、I^-、Ag^+、CN^-、SCN^- 等离子及含卤素的有机化合物，也可以用于化工、农业及处理"三废"等生产部门的检测工作。根据滴定终点采用的指示剂不同，把银量法分为莫尔法、佛尔哈德法和法扬斯法。

1. 莫尔法

莫尔法是以 K_2CrO_4 为指示剂，在中性或弱碱性介质中用 $AgNO_3$ 标准溶液测定卤素及其混合物含量的方法。

以测定 Cl^- 为例，K_2CrO_4 作指示剂，用 $AgNO_3$ 标准溶液滴定，其反应为：

滴定反应 $\quad Ag^+ + Cl^- \Longrightarrow AgCl\downarrow \quad$ 白色

终点反应 $\quad 2Ag^+ + CrO_4^{2-} \Longrightarrow Ag_2CrO_4\downarrow \quad$ 砖红色

莫尔法的依据是 $AgCl$ 和 Ag_2CrO_4 的分级沉淀。由于 $AgCl$ 的溶解度比 Ag_2CrO_4 的溶解度小，因此在用 $AgNO_3$ 标准溶液滴定时，$AgCl$ 先析出沉淀，当滴定剂 Ag^+ 与 Cl^- 的反应达到化学计量点时，微过量的 Ag^+ 与 CrO_4^{2-} 反应析出砖红色的 Ag_2CrO_4 沉淀，指示滴定终点的到达。

用 $AgNO_3$ 标准溶液滴定 Cl^-，指示剂 K_2CrO_4 的用量对于终点指示有较大的影响，CrO_4^{2-} 浓度过高或过低，Ag_2CrO_4 沉淀的析出就会过早或过迟，就会产生一定的终点误差。因此要求 Ag_2CrO_4 沉淀应该恰好在滴定反应的化学计量点出现。化学计量点时

$$[Ag^+]=[Cl^-]=\sqrt{K_{sp}(AgCl)}=\sqrt{1.8\times10^{-10}}=1.34\times10^{-5}(mol/L)$$

在这个条件下，根据 Ag_2CrO_4 的溶度积常数，计算形成 Ag_2CrO_4 沉淀所需的最低 CrO_4^{2-} 的浓度为

$$[CrO_4^{2-}]=\frac{K_{sp}(AgCl)}{[Ag^+]^2}=\frac{2.0\times10^{-12}}{(1.34\times10^{-5})^2}=1.1\times10^{-2}(mol/L)$$

在滴定时，由于 K_2CrO_4 显黄色，当其浓度较高时颜色较深，不易判断砖红色的出现。为了能观察到明显的滴定终点，指示剂的浓度以略低一些为好。实验证明，滴定溶液中 K_2CrO_4 浓度为 5×10^{-3} mol/L 是指示滴定终点的适宜浓度。同时以 K_2CrO_4 为指示剂进行空白滴定，从实验滴定终点消耗的滴定剂中减去空白滴定消耗的滴定剂，获得真实终点。

因为 K_2CrO_4 是弱碱，所以莫尔法应在中性或弱碱性介质中进行。若在酸性介质中，CrO_4^{2-} 有如下反应：

$$2CrO_4^{2-}+2H^+\Longrightarrow2HCrO_4^-\Longrightarrow Cr_2O_7^{2-}+H_2O$$

因而降低了 CrO_4^{2-} 的浓度，使 Ag_2CrO_4 沉淀出现过迟，甚至不会沉淀，导致测定误差。若滴定时溶液碱性太强，则有氢氧化银甚至氧化银沉淀析出。

$$2Ag^++2OH^-\Longrightarrow Ag_2O\downarrow+H_2O$$

因此，莫尔法只能在中性或弱碱性溶液中进行。若溶液酸性太强，可用 $Na_2B_4O_7\cdot10H_2O$ 或 $NaHCO_3$ 中和；若溶液碱性太强，可用稀 HNO_3 溶液中和；而在有 NH_4^+ 存在时，溶液的 pH 范围应控制在 6.5～7.2 之间。

莫尔法主要用于 Cl^-、Br^- 和 CN^- 的测定，不适用于滴定 I^- 和 SCN^-。这是因为 AgI、$AgSCN$ 沉淀对 I^- 和 SCN^- 有强烈的吸附作用，致使终点过早出现。

莫尔法也不适用于以 NaCl 直接滴定 Ag^+。因为 Ag^+ 溶液中加入指示剂，立刻形成 Ag_2CrO_4 沉淀，用 NaCl 溶液滴定时，Ag_2CrO_4 转化成 AgCl 的速率非常慢，使得终点推迟。如用莫尔法测定 Ag^+，则应在试液中加入一定量过量的 NaCl 标准溶液，再用 $AgNO_3$ 标准溶液返滴定过量的 Cl^-。

莫尔法的优点是操作简便，方法的准确度也较好，不足之处是干扰较多，莫尔法的选择性比较差，凡能与银离子生成沉淀的阴离子（如 S^{2-}、CO_3^{2-}、PO_4^{3-}、SO_3^{2-}、$C_2O_4^{2-}$ 等），能与铬酸根离子生成沉淀的阳离子（如 Ba^{2+}、Pb^{2+} 等），能与银或氯配位的离子（如 $S_2O_3^{2-}$、NH_3、EDTA、CN^- 等），能发生水解的高价金属离子（如 Fe^{3+}、Al^{3+}、Bi^{3+}、Sn^{4+} 等），均对测定有干扰。此外，大量的 Cu^{2+}、Co^{2+}、Ni^{2+} 等有色离子的存在，对终点颜色的观察也有影响。以上干扰应预先除去。如 S^{2-} 可在酸性溶液中转化成 H_2S 加热除去，SO_3^{2-} 氧化为 SO_4^{2-} 后不再产生干扰，Ba^{2+} 可通过加入过量的 Na_2SO_4 生成 $BaSO_4$ 沉淀除去。

2. 佛尔哈德法

佛尔哈德法是在酸性（HNO_3）介质中，Fe^{3+} 存在下用 SCN^- 滴定银离子的方法，以 $NH_4Fe(SO_4)_2$ 作指示剂，用 NH_4SCN 或 KSCN 滴定 Ag^+。滴定反应和终点反应如下：

滴定反应　$Ag^+ + SCN^- \Longrightarrow AgSCN(白色)$　　$K_{sp} = 1.0 \times 10^{-12}$

终点反应　$Fe^{3+} + SCN^- \Longrightarrow [Fe(SCN)]^{2+}(红色)$　　$K = 138$

当 AgSCN 定量沉淀后，稍过量的 SCN^- 便与 Fe^{3+} 生成红色的配离子 [Fe(SCN)]$^{2+}$ 指示终点。

佛尔哈德法在强酸性溶液中进行，通常在 $0.1 \sim 1 mol \cdot L^{-1}$ HNO_3 介质中进行滴定。如果酸度较低，Fe^{3+} 发生水解，影响红色配合物的生成，影响终点观察。一般来说，想要观察到 $[Fe(SCN)]^{2+}$ 的颜色，$[Fe(SCN)]^{2+}$ 浓度要达到 6×10^{-6} $mol \cdot L^{-1}$。要维持 $[Fe(SCN)]^{2+}$ 的配位反应平衡浓度，Fe^{3+} 的浓度要远远大于这一数值，但过多的水合铁离子的黄色干扰终点观察，综合考虑，终点时，Fe^{3+} 浓度一般控制在 $0.015 mol \cdot L^{-1}$。

在滴定过程中不断形成的 AgSCN 沉淀会吸附部分 Ag^+ 于其表面，容易导致滴定终点过早出现，使结果偏低，所以滴定时，必须充分摇动溶液，使被吸附的 Ag^+ 及时释放出来。

佛尔哈德法除了用直接滴定法滴定 Ag^+ 外，还可以用返滴定法测定卤素离子。过程如下：在含有卤素离子的硝酸介质中，先加入一定量过量的 $AgNO_3$ 标准溶液，然后加入铁铵矾指示剂，用 NH_4SCN 标准溶液返滴定过量的 $AgNO_3$。

在酸性溶液中进行滴定是佛尔哈德法的最大优点，一些在中性或弱碱性介质中能与 Ag^+ 产生沉淀的阴离子都不能干扰滴定，选择性比较好。

采用直接滴定法可以测定 Ag^+ 等，采用返滴定法可以测定 Cl^-、Br^-、I^-。

3. 法扬斯法

利用某些有机物有被带电荷的沉淀强烈吸附且被吸附前后颜色会发生变化的性能，指示滴定终点的银量法称为法扬斯法。这种被带电胶粒吸附且被吸附前后具有不同颜色的指示剂，称为吸附指示剂。

吸附指示剂是一类有机染料，它的阴离子在溶液中易被带正电荷的胶状沉淀吸附，吸附后结构发生改变，从而引起颜色的变化，指示滴定终点。吸附指示剂可以分为两类，一类是酸性染料，如荧光黄及其衍生物，它们是有机弱酸，解离出指示剂阴离子；另一类是碱性染料，如甲基紫、罗丹明 6G 等，解离出指示剂阳离子。常用吸附指示剂见表 6-1。

表 6-1　常用吸附指示剂

指示剂	被测离子	滴定剂	滴定条件	终点颜色变化
荧光黄	Cl^-、Br^-、I^-	$AgNO_3$	pH7~10	黄绿→粉红
二氯荧光黄	Cl^-、Br^-、I^-	$AgNO_3$	pH4~10	黄绿→红
曙红	Br^-、SCN^-、I^-	$AgNO_3$	pH2~10	橙黄→红紫
溴酚蓝	生物碱盐类	$AgNO_3$	弱酸性	黄绿→灰紫
甲基紫	Ag^+	NaCl	酸性溶液	黄红→红紫

例如，用 $AgNO_3$ 滴定 Cl^- 时，用荧光黄作指示剂。荧光黄是一种有机弱酸（用 HFI 表示），在溶液中解离为黄绿色的阴离子。化学计量点前，溶液中剩余 Cl^-，生

成的 AgCl 优先吸附 Cl^- 而带负电荷，荧光黄阴离子因受排斥而不被吸附，溶液呈黄绿色；化学计量点后，Ag^+ 过量，AgCl 沉淀胶粒吸附过量构晶离子 Ag^+ 而带正电荷，它将强烈吸附荧光黄阴离子。荧光黄阴离子被吸附后，由于结构变化而呈粉红色，从而指示滴定终点。

$$AgCl \cdot Cl^- + FI^- \longrightarrow AgCl \cdot Ag^+ \cdot FI^-$$

如果用 NaCl 滴定 Ag^+，则颜色变化正好相反。

采用吸附指示剂进行沉淀滴定时要注意以下五点：

① 保持沉淀呈胶体状态。由于颜色的变化是沉淀的表面吸附引起的，沉淀的颗粒越小，沉淀的比表面越大，吸附能力越强。为了防止胶状沉淀微粒的凝聚，通常加入糊精或淀粉来保护胶体，使沉淀微粒处于高度分散状态，使更多的沉淀表面暴露在外面，这样更利于对指示剂的吸附，变色敏锐。

② 待测离子的浓度不能太低。此法不适宜用于测定浓度过低的溶液，否则由于生成的沉淀量太少，滴定终点不明显。测定氯离子时，其浓度要求在 $0.005\,mol \cdot L^{-1}$ 以上，测定溴离子、碘离子、硫氢根离子时灵敏度稍高，$0.001\,mol \cdot L^{-1}$ 仍可准确滴定。

③ 酸度要适当。常用的吸附指示剂大都是有机弱酸，而起指示作用的主要是阴离子，因此必须控制适宜的酸度，使指示剂在溶液中保持阴离子状态。

④ 胶体颗粒对指示剂的吸附能力要求略小于对被测离子的吸附能力，否则指示剂将在化学计量点前变色。但也不能太小，否则终点出现过迟。卤化银对卤化物和几种常见吸附指示剂的吸附能力次序如下：

$$I^- > 二甲基二碘荧光黄 > Br^- > 曙红 > Cl^- > 荧光黄$$

因此，滴定 Cl^- 时只能选用荧光黄，滴定 Br^- 选曙红为指示剂。

⑤ 滴定应避免在强光照射下进行，因为吸附着指示剂的卤化银胶体对光极为敏感，遇光易分解析出金属银，溶液很快变成灰色或黑色。

法扬斯法可测定氯离子、溴离子、碘离子、硫氢根离子、银离子，一般在弱酸性到弱碱性条件下进行，方法简便，终点亦明显，较为准确，但反应条件较为严格，要注意溶液的酸度、浓度及胶体的保护等。

实际工作需要根据测定对象选择合适的测定方法，如银合金中测定银，由于用硝酸溶解试样，用佛尔哈德法；测氯化钡中氯离子的含量，用佛尔哈德法或法扬斯法，因会生成铬酸钡沉淀，所以不能用莫尔法；天然水中氯含量的测定，用莫尔法。

【例 6-1】 称取一含银废液 2.0753g，加入适量 HNO_3，以铁铵矾为指示剂，消耗了 22.38mL 0.04632mol/L 的 NH_4SCN 溶液，计算废液中银的质量分数。

解： $Ag^+ \quad + \quad SCN^- \Longrightarrow AgSCN \downarrow$

$\quad \quad 1 \quad \quad \quad \quad 1$

$\quad n_{Ag^+} \quad \quad 0.04632 \times 22.38 \times 10^{-3}$

$$w_{Ag} = \frac{0.04632 \times 22.38 \times 10^{-3} \times 107.9}{2.0753} \times 100\% = 5.390\%$$

答： 废液中银的质量分数为 5.390%。

练习题

一、选择题

1. 利用莫尔法测定 Cl^- 含量时，要求介质的 pH 值在 6.5～10.5 之间，若酸度过高，则（　　）。

　A. AgCl 沉淀不完全　　　　　B. AgCl 沉淀吸附 Cl^- 能力增强

　C. Ag_2CrO_4 沉淀不易形成　　D. 形成 Ag_2O 沉淀

2. 法扬斯法采用的指示剂是（　　）。

　A. 铬酸钾　　　B. 铁铵矾　　　C. 吸附指示剂　　　D. 自身指示剂

3. 莫尔法确定终点的指示剂是（　　）。

　A. K_2CrO_4　　B. $K_2Cr_2O_7$　　C. $NH_4Fe(SO_4)_2$　D. 荧光黄

4. 用铬酸钾作指示剂的莫尔法，依据的原理是（　　）。

　A. 生成沉淀颜色不同　　　　　B. AgCl 和 Ag_2CrO_4 溶解度不同

　C. AgCl 和 Ag_2CrO_4 溶度积不同　D. 分级沉淀

5. 佛尔哈德法返滴定测 I^- 时，指示剂必须在加入 $AgNO_3$ 溶液后才能加入，这是因为（　　）。

　A. AgI 对指示剂的吸附性强　　B. AgI 对 I^- 的吸附性强

　C. Fe^{3+} 能将 I^- 氧化成 I_2　　D. 终点提前出现

6. 下列关于吸附指示剂说法错误的是（　　）。

　A. 吸附指示剂是一种有机染料

　B. 吸附指示剂能用于沉淀滴定法中的法扬斯法

　C. 吸附指示剂指示终点是由于指示剂结构发生了改变

　D. 吸附指示剂本身不具有颜色

7. 以铁铵矾为指示剂，用硫氰酸铵标准滴定溶液滴定银离子时，应在（　　）条件下进行。

　A. 酸性　　　B. 弱酸性　　　C. 中性　　　　D. 弱碱性

8. 沉淀滴定法中的莫尔法指的是（　　）。

　A. 以铬酸钾作指示剂的银量法

　B. 以 $AgNO_3$ 为指示剂，用 K_2CrO_4 标准溶液，滴定试液中的 Ba^{2+} 的分析方法

　C. 用吸附指示剂指示滴定终点的银量法

　D. 以铁铵矾作指示剂的银量法

9. 莫尔法不用于测定（　　）离子。

　A. Cl^- 和 Br^-　B. Br^- 和 I^-　　C. I^- 和 SCN^-　　D. Cl^- 和 SCN^-

10. 下列测定过程中，哪些必须用力振荡锥形瓶？（　　）

　A. 莫尔法测定水中氯　　　　　B. 间接碘量法测定 Cu^{2+} 浓度

　C. 酸碱滴定法测定工业硫酸浓度　D. 配位滴定法测定硬度

11. 莫尔法能用于 Cl^- 和 Br^- 的测定，其条件是（　　）。

A. 酸性条件　　　　　　　　B. 中性和弱碱性条件

C. 碱性条件　　　　　　　　D. 没有固定条件

二、计算题

1. NaCl 试液 20.00mL，用 0.1023mol/L $AgNO_3$ 标准滴定溶液滴定至终点，消耗了 27.00mL。求 NaCl 溶液中含 NaCl 多少克？

2. 在含有相等浓度的 Cl^- 和 I^- 的溶液中，逐滴加入 $AgNO_3$ 溶液，哪一种离子先沉淀？第二种离子开始沉淀时，Cl^- 和 I^- 的浓度比为多少？

3. 法扬斯法测定某试样中碘化钾含量时，称样 1.6520g，溶于水后，用 $c(AgNO_3)=0.05000mol/L$ $AgNO_3$ 标准溶液滴定，消耗 20.00mL。试计算试样中 KI 的质量。

4. 称取分析纯 KCl 1.9921g 加水溶解后，在 250mL 容量瓶中定容，取出 20.00mL，用 $AgNO_3$ 溶液滴定，用去 18.30mL，求 $AgNO_3$ 的浓度是多少？

三、思考题

1. 如何应用溶度积规则来判断沉淀的生成和溶解？

2. 什么叫沉淀滴定法？沉淀滴定法所用的沉淀反应必须具备哪些条件？

3. 写出莫尔法、佛尔哈德法和法扬斯法测定 Cl^- 的主要反应，并指出各种方法选用的指示剂和酸度条件。

📚 技能训练

一、硝酸银标准溶液的配制与标定

【训练目的】

1. 掌握银量法的原理。

2. 会配制和标定 $AgNO_3$ 标准溶液。

3. 会进行沉淀滴定分析中的数据处理与分析。

【原理】

$AgNO_3$ 标准滴定溶液可以用经过预处理的基准试剂 $AgNO_3$ 直接配制。但非基准试剂 $AgNO_3$ 中常含有杂质，如金属银、氧化银、游离硝酸、亚硝酸盐等，因此用间接法配制。先配成近似浓度的溶液后，用基准物质 NaCl 标定。

以 NaCl 作为基准物质，溶样后，在中性或弱碱性溶液中，用 $AgNO_3$ 溶液滴定，以 K_2CrO_4 作为指示剂，其反应如下：

$$AgNO_3 + NaCl \longrightarrow AgCl \downarrow + NaNO_3$$
$$2AgNO_3 + K_2CrO_4 \longrightarrow Ag_2CrO_4 \downarrow + 2KNO_3$$

达到化学计量点时，微过量的 Ag^+ 与 CrO_4^{2-} 反应析出砖红色 Ag_2CrO_4 沉淀，指示滴定终点。

【仪器与试剂】

仪器：烧杯（100mL、250mL）、移液管（25mL）、锥形瓶（250mL）、酸式滴

定管（棕色）。

试剂：$AgNO_3$（分析纯）、$NaCl$（基准物质，在 $500\sim600℃$ 灼烧至恒重）、K_2CrO_4 溶液（$50g/L$）。

【操作步骤】

1. 配制 200mL 0.1mol/L 硝酸银溶液

称取 3.4g 硝酸银，加水溶解，稀释到 200mL，将溶液转移至棕色试剂瓶中，避光保存。

2. 标定 0.1mol/L 硝酸银溶液的准确浓度

准确称取三份 $0.15\sim0.20g$ 基准物质 NaCl，各加 25mL 蒸馏水溶解，加 1mL 5% 铬酸钾溶液，用硝酸银溶液滴定至刚出现稳定的砖红色，记录数据，平行滴定三次。硝酸银溶液浓度计算公式如下：

$$c=\frac{m}{MV\times10^{-3}}$$

式中　　c——$AgNO_3$ 标准溶液的浓度，mol/L；

m——基准物质 NaCl 的质量，g；

M——NaCl 的摩尔质量，g/mol；

V——滴定时消耗 $AgNO_3$ 标准滴定溶液的体积，mL。

【注意事项】

1. $AgNO_3$ 试剂及其溶液具有腐蚀性，破坏皮肤组织，注意切勿接触皮肤及衣服。

2. 配制 $AgNO_3$ 标准溶液的蒸馏水应无 Cl^-，否则配成的 $AgNO_3$ 溶液会出现白色浑浊，不能使用。

3. 实验完毕后，盛装 $AgNO_3$ 溶液的滴定管应先用蒸馏水洗涤 $2\sim3$ 次后，再用自来水洗净，以免 AgCl 沉淀残留于滴定管内壁。

二、生理盐水中氯化钠含量的测定

【训练目的】

1. 掌握莫尔法的原理。

2. 会测定生理盐水中氯化钠的含量。

3. 会进行沉淀滴定分析中的数据处理与分析。

【原理】

莫尔（Mohr）法是沉淀滴定法中常用的银量法的一种。莫尔法是在中性或弱碱性溶液中，以 K_2CrO_4 为指示剂，用 $AgNO_3$ 标准溶液直接滴定待测试液中的 Cl^-。主要反应如下：

终点前：$Ag^++Cl^-\rightleftharpoons AgCl\downarrow$（白色）　　$K_{sp}=1.8\times10^{-10}$

终点时：$2Ag^++CrO_4^{2-}\rightleftharpoons Ag_2CrO_4\downarrow$（砖红色）　　$K_{sp}=2.0\times10^{-12}$

由于 AgCl 的溶解度小于 Ag_2CrO_4，所以当 AgCl 定量沉淀后，微过量的 Ag^+ 与

CrO_4^{2-} 形成砖红色的 Ag_2CrO_4 沉淀从而指示出滴定的终点。根据滴定时硝酸银标准溶液的消耗量，即可计算出生理盐水中 NaCl 的含量，以 $\rho(NaCl)$（g/100mL）表示。

【仪器与试剂】

仪器：烧杯（100mL、250mL）、移液管（25mL）、锥形瓶（250mL）、酸式滴定管（棕色）。试剂：$AgNO_3$（分析纯）、生理盐水试样、K_2CrO_4 溶液（50g/L）。

【操作步骤】

1. 稀释生理盐水

准确移取 100mL 生理盐水放入 200mL 容量瓶中，加水稀释到刻度，混匀、备用。

2. 测定 NaCl 含量

准确移取 20.00mL 稀释的生理盐水置于锥形瓶中，加 1mL 铬酸钾溶液，用硝酸银标准溶液滴定至刚出现稳定的砖红色，记录数据，平行滴定三次。生理盐水中 NaCl 含量计算公式如下：

$$\rho(NaCl) = \frac{cVM \times 10^{-3} \times 100}{20.00}$$

式中　$\rho(NaCl)$——生理盐水中 NaCl 的含量，g/100mL；

$\quad\quad c$——$AgNO_3$ 标准溶液的浓度，mol/L；

$\quad\quad V$——滴定时消耗的 $AgNO_3$ 标准溶液的体积，mL；

$\quad\quad M$——NaCl 的摩尔质量，g/mol。

【注意事项】

1. 适宜的 pH＝6.5～10.5，若有铵盐存在，pH＝6.5～7.2。

2. $AgNO_3$ 需保存在棕色瓶中，勿使 $AgNO_3$ 与皮肤接触。

3. 实验结束后，盛装 $AgNO_3$ 的滴定管先用蒸馏水冲洗 2～3 次，再用自来水冲洗。含银废液予以回收。

4. 先生成的 AgCl 易吸附 Cl^- 使溶液中 Cl^- 浓度降低，终点提前。滴定时必须剧烈摇动。

配位滴定技术

 思维导图

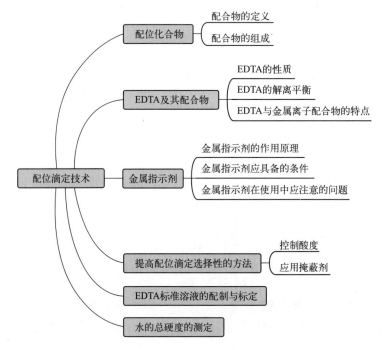

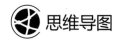 知识目标

1. 了解配位滴定对化学反应的要求。
2. 了解配位化合物的组成、结构和命名。
3. 掌握 EDTA 与金属离子形成配合物的特点。
4. 掌握金属指示剂作用原理。

能力目标

1. 会正确控制配位滴定的条件。
2. 会合理选择金属指示剂。
3. 会根据化学计量关系计算配位滴定中待测物质的含量。

职业素养目标

配位滴定中，用氨水调节溶液酸度时，如果急于求成，不注意细节会得不到目标现象。通过实验中的失败现象提醒做任何事要按照规范进行，建立起尊重科学的实验态度。实验过程中遇到问题时，合理分析现象与数据，尝试对发现的问题进行分析改进，培养科学实验观。

 **必备知识**

配位滴定法是以形成稳定配合物的配位反应为基础，以配位剂或金属离子标准滴定溶液进行滴定的滴定分析方法，用来测定多种金属离子或间接测定其他离子。能形成配合物的反应很多，但能用于配位滴定的反应必须符合以下要求：

① 生成的配合物必须足够稳定，以保证反应完全。这是决定准确进行配位滴定的重要因素之一。

② 生成的配合物要有明确组成，即在一定条件下只形成一种配位数的配合物（配位比恒定），这是定量分析的基础。

③ 配位反应速率要快。

④ 能选用比较简便的方法确定滴定终点。

一、配位化合物

配位化合物，简称配合物，也称络合物，含有配位键，是一类组成较为复杂、应用广泛的化合物。

配位化合物

1. 配合物的定义

往 $CuSO_4$ 溶液中滴加氨水，先生成蓝色沉淀，继续滴加氨水，蓝色沉淀消失，生成深蓝色溶液。这个深蓝色溶液和 $BaCl_2$ 溶液反应，能生成白色沉淀，说明溶液中有 SO_4^{2-}；加入 $NaOH$ 溶液，不生成蓝色沉淀，说明溶液中没有 Cu^{2+}。这个深蓝色溶液是 $[Cu(NH_3)_4]SO_4$，它不是简单的化合物，$[Cu(NH_3)_4]^{2+}$ 是由 Cu^{2+} 和 NH_3 通过配位键结合起来的整体。在 $[Cu(NH_3)_4]^{2+}$ 中，每个氨分子中的氮原子，提供一对孤对电子，填入 Cu^{2+} 的空轨道，形成四个配位键。配位化合物是以配位键相结合的化合物。

图 7-1　配合物的组成

2. 配合物的组成

配合物一般由内界和外界两部分组成。结合紧密且能稳定存在的配离子部分 {如 $[Cu(NH_3)_4]^{2+}$} 称为内界，写化学式的时候用方括号括起来。内界由中心离子和配位体结合而成。配位体中与中心离子直接相连接的原子称为配位原子，配位原子的个数称为配位数。

配离子之外的其他离子称为外界，如 $[Cu(NH_3)_4]SO_4$ 中的 SO_4^{2-}、$K_3[Fe(CN)_6]$ 中的 K^+，它们距中心离子较远，构成配合物的外界，写在方括号的外面。配合物的组成如图 7-1 所示。

（1）中心离子（或原子） 配合物的内界总是由中心离子（或原子）和配位体两部分组成。中心离子在配离子的中心，一般是价层有空轨道的金属离子，例如 $[Cu(NH_3)_4]^{2+}$ 中的 Cu^{2+}。常见的是一些过渡金属离子，如铁、钴、镍、铜、银、金、铂等金属元素的离子。高氧化数的非金属元素（如硼、硅、磷等）和高氧化数的主族金属离子（如 $[AlF_6]^{3-}$ 中的 Al^{3+} 等）也能作为中心离子。也有不带电荷的原子作中心原子，如 $[Ni(CO)_4]$、$[Fe(CO)_5]$ 中的 Ni、Fe 都是中性原子。

（2）配位体和配位原子 配位化合物内界中与中心离子（或原子）结合的阴离子或分子，称为配位体，简称配体，如 H_2O、NH_3、Cl^-、CN^- 等均为常见的重要配体。其中 NH_3 的 N 原子、H_2O 中的 O 原子、CN^- 中的 C 原子，直接与中心离子相结合，称为配位原子。

根据配位体中所含配位原子的数目多少，将配位体分成两大类。

① 单基配位体：一个配位体和中心离子（或原子）只以一个配位键相结合，称为单基（或单齿）配位体，如 F^-、Cl^-、OH^-、CN^-、NH_3、H_2O 等。

② 多基配位体：一个配位体和中心离子（或原子）以两个或两个以上的配位键相结合，称为多基（或多齿）配位体，如乙二胺（en）是二基配体，乙二胺四乙酸（ED-TA）是六基配体。

乙二胺　　　　　　　　$NH_2-CH_2-CH_2-NH_2$

$$\text{乙二胺四乙酸} \quad \begin{array}{c} HOOC-CH_2 \qquad\qquad\qquad CH_2-COOH \\ N-CH_2-CH_2-N \\ HOOC-CH_2 \qquad\qquad\qquad CH_2-COOH \end{array}$$

由多基配体与同一金属离子配位形成的具有环状结构的配合物称为螯合物，例如 Cu^{2+} 可与两个乙二胺（$NH_2-CH_2-CH_2-NH_2$）分子配合成具有环状结构的螯合物。

$$Cu^{2+} + \begin{array}{c} H_2N-CH_2 \\ | \\ H_2N-CH_2 \end{array} \longrightarrow \left[\begin{array}{c} H_2C-N \quad N-CH_2 \\ \diagdown Cu \diagup \\ H_2C-N \quad N-CH_2 \end{array} \right]^{2+}$$

其配位体又称螯合剂，螯合物中形成的环称为螯环，以五元环和六元环最为稳定。由于螯环的形成，螯合物比一般配合物稳定得多，而且环越多，螯合物越稳定。这种由于螯环的形成而使螯合物稳定性增加的作用称为螯合效应。

（3）配位数 在配体中直接与中心离子（或原子）以配位键结合的配位原子的数目称为中心离子的配位数。由于配位体分为单基配位体和多基配位体，因此配位数是配位原子数而不是配位体的个数。如果配位体是单基的，则中心离子的配位数就是配位体的数目，如 $[Ag(NH_3)_2]^+$、$[Cu(NH_3)_4]^{2+}$、SiF_6^{2-} 的配位数分别为 2、4、6；如果配位体是多基的，则中心离子的配位数为配位体数目与其基数的乘积，例如 $[Pt(en)_2]^{2+}$ 的配位数为 $2\times2=4$。

中心离子的配位数一般为 2、4、6、8 等，最常见的是 4 和 6。表 7-1 中列出一些常见金属离子的配位数。

表 7-1 常见金属离子的配位数

一价金属离子	配位数	二价金属离子	配位数	三价金属离子	配位数
Cu^+	2,4	Ca^{2+}	6	Al^{3+}	4,6
Ag^+	2	Fe^{2+}	6	Sc^{3+}	6

续表

一价金属离子	配位数	二价金属离子	配位数	三价金属离子	配位数
Au^+	2,4	Co^{2+}	4,6	Cr^{3+}	6
		Ni^{2+}	4,6	Fe^{3+}	6
		Cu^{2+}	4,6	Co^{3+}	6
		Zn^{2+}	4,6	Au^{3+}	4

（4）配离子的电荷 配离子的电荷等于中心离子电荷与配位体总电荷的代数和。例如：

$[Cu(NH_3)_4]^{2+}$ 配离子的电荷数为：$(+2)+(0)\times 4=+2$

$[Ag(NH_3)_2]^+$ 配离子的电荷数为：$(+1)+(0)\times 2=+1$

有时配离子的中心离子（或原子）和配位体的电荷的代数和为零，则配离子并不带电荷，其本身就是配合物。例如：

$[Ni(H_2O)_4]Cl_2$ 的电荷数为：$(+2)+(0)\times 4+(-1)\times 2=0$

从整体看，配位化合物是电中性的，所以也可由外界离子的电荷数推算中心离子和配离子的电荷数。例如：$Na_2[Cu(CN)_3]$ 中，它的外界离子有 2 个 Na^+，所以 $[Cu(CN)_3]^{2-}$ 配离子的电荷数是 -2，从而可以推知中心离子是 Cu^+ 而不是 Cu^{2+}。

二、EDTA 及其配合物

因为配位滴定反应要满足一定的要求，氨羧配位体能够与大多数金属离子形成稳定的、组成一定的配合物。氨羧配位体是一类以氨基二乙酸基团 $[—N(CH_2COOH)_2]$ 为基体的有机配位体，它含有配位能力很强的氨氮和羧氧两种配位原子，它们能与多数金属离子形成稳定的可溶性配合物。目前使用最广泛的氨羧配位体是乙二胺四乙酸，简称 EDTA。通常所说的"配位滴定"，主要指以 EDTA 为滴定剂的滴定法。

1．EDTA 的性质

EDTA 是一种四元酸，习惯上用缩写符号"H_4Y"表示。由于 EDTA 在水中的溶解度较小（22℃时，100mL 水能溶解 0.22g），故通常把它制成二钠盐，一般也称 ED-TA，用 $Na_2H_2Y \cdot 2H_2O$ 表示，EDTA 二钠盐的溶解度较大（22℃时，100mL 水能溶解 11.1g），其饱和溶液的浓度可达 0.3mol·L^{-1}，pH 值约为 4.4。在水溶液中，EDTA 两个羧基上的 H^+ 转移到 N 原子上，形成双偶极离子，其结构为：

$$\begin{array}{ccc} ^-OOCH_2C & & CH_2COOH \\ & \diagdown \overset{H}{\underset{}{N^+}}—CH_2—CH_2—\overset{H}{\underset{}{N^+}}\diagup & \\ HOOCH_2C & & CH_2COO^- \end{array}$$

2．EDTA 的解离平衡

H_4Y 是四元弱酸，当溶液酸度很高时，它的两个羧基还可接受 H^+，形成 H_6Y^{2+}，这样，EDTA 就相当于六元酸，所以，EDTA 的水溶液中存在六级解离平衡：

$$H_6Y^{2+} \Longleftrightarrow H^+ + H_5Y^+ \qquad K_{a1}=\frac{[H^+][H_5Y^+]}{[H_6Y^{2+}]}=10^{-0.9}$$

$$H_5Y^+ \rightleftharpoons H^+ + H_4Y \qquad K_{a2} = \frac{[H^+][H_4Y]}{[H_5Y^+]} = 10^{-1.6}$$

$$H_4Y \rightleftharpoons H^+ + H_3Y^- \qquad K_{a3} = \frac{[H^+][H_3Y^-]}{[H_4Y]} = 10^{-2.0}$$

$$H_3Y^- \rightleftharpoons H^+ + H_2Y^{2-} \qquad K_{a4} = \frac{[H^+][H_2Y^{2-}]}{[H_3Y^-]} = 10^{-2.67}$$

$$H_2Y^{2-} \rightleftharpoons H^+ + HY^{3-} \qquad K_{a5} = \frac{[H^+][HY^{3-}]}{[H_2Y^{2-}]} = 10^{-6.16}$$

$$HY^{3-} \rightleftharpoons H^+ + Y^{4-} \qquad K_{a6} = \frac{[H^+][Y^{4-}]}{[HY^{3-}]} = 10^{-10.26}$$

由此可见，EDTA 在水溶液中存在着 H_6Y^{2+}、H_5Y^+、H_4Y、H_3Y^-、H_2Y^{2-}、HY^{3-} 和 Y^{4-} 七种型体，各种型体的浓度随溶液 pH 值的变化而变化。

3. EDTA 与金属离子配合物的特点

EDTA 分子中 Y^{4-} 的结构具有两个氨基和四个羧基，其氨氮原子和羧氧原子都有孤对电子，能与金属形成配位键，生成配位化合物。EDTA 可作为六基配位体，与绝大多数金属离子形成稳定的配合物，其特点如下：

① EDTA 与绝大多数金属离子反应，形成具有多个五元环的稳定配合物。它与金属离子配位结构见图 7-2，这种具有环状结构的配合物称为螯合物。根据配位理论，能形成五元环或六元环的螯合物是比较稳定的。

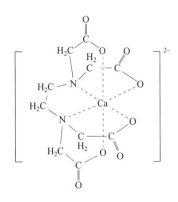

图 7-2 CaY^{2-} 螯合物的立体构型

② 与大多数金属离子形成螯合物时，金属离子与 EDTA 以 1∶1 配位；只有极少数高价金属离子（如锆、钼等）与 EDTA 形成 2∶1 型配合物。

③ 生成的配合物易溶于水且反应迅速。大多数金属离子与 EDTA 形成配合物的反应瞬间即可完成，只有极少数金属离子（如 Cr^{3+}、Fe^{3+}、Al^{3+}）室温下反应较慢，可加热促进反应迅速进行。

④ EDTA 与无色金属离子形成无色配合物，与有色金属离子形成颜色更深的配合物。因此滴定有色金属离子时，试液浓度不能太大，以免给指示剂确定终点带来困难。

三、金属指示剂

判断配位滴定终点的方法很多，最常用的是使用金属指示剂指示终点。

金属指示剂

1. 金属指示剂的作用原理

金属指示剂（In）是一些有机配位剂，在一定的 pH 值下，能和金属离子生成有色的配合物（MIn），其颜色与游离指示剂本身颜色有显著差别，从而指示滴定的终点。

$$In+M \Longrightarrow MIn$$
$$甲色 \qquad 乙色$$

在滴定开始时，少量的金属离子 M 和金属指示剂 In 结合生成 MIn，溶液呈乙色，随着 EDTA 的加入，游离的金属离子逐渐被 EDTA 配位生成 MY。到终点时，金属离子 M 几乎全被配位，此时继续加入 EDTA，由于配合物 MY 的稳定性大于 MIn，稍过量的 EDTA 就夺取 MIn 中的金属离子 M，使指示剂游离出来，溶液颜色突变为甲色，指示到达终点。

$$MIn+Y \Longrightarrow In+MY$$
$$乙色 \qquad 甲色$$

许多金属指示剂不仅具有配位剂的性质，而且通常是多元弱酸或多元弱碱，能随溶液 pH 变化而显示不同颜色，因此，使用金属指示剂也必须选用合适的 pH 范围。常用的金属指示剂见表 7-2。

表 7-2　常用的金属指示剂

指示剂	适用的 pH 值范围	颜色变化		直接滴定的离子	指示剂配制	注意事项
		In	MIn			
铬黑 T(简称 BT 或 EBT)	8～10	蓝	红	$pH=10$,Mg^{2+}、Zn^{2+}、Cd^{2+}、Pb^{2+}、Mn^{2+}、稀土离子	1：100NaCl（研磨）或配成 0.5％乙醇溶液	Fe^{3+}、Al^{3+}、Cu^{2+}、Ni^{2+} 等离子封闭 EBT
酸性铬蓝 K	8～13	蓝	红	$pH=10$,Mg^{2+}、Zn^{2+}、Mn^{2+};$pH=13$,Cd^{2+}	1：100NaCl（研磨）	
二甲酚橙（简称 XO）	<6	亮黄	红	$pH<1$,ZrO^{2+};$pH=1～3.5$,Bi^{3+}、Th^{4+};$pH=5～6$,Tl^{3+}、Zn^{2+}、Pb^{2+}、Cd^{2+}、Hg^{2+}、稀土离子	0.5％乙醇或水溶液	Fe^{3+}、Al^{3+}、Ni^{2+}、Tl^{4+} 等离子封闭 XO
磺基水杨酸（简称 ssal）	1.5～2.5	无色	紫红	$pH=1.5～2.5$,Fe^{3+}	5％水溶液	ssal 本身无色，FeY^- 呈黄色
钙指示剂（简称 NN）	12～13	蓝	红	$pH=12～13$,Ca^{2+}	1：100NaCl（研磨）	Tl^{4+}、Fe^{3+}、Al^{3+}、Cu^{2+}、Ni^{2+}、Co^{2+}、Mn^{2+} 等离子封闭 NN
PAN	2～12	黄	紫红	$pH=2～3$,Th^{4+}、Bi^{3+};$pH=4～5$,Cu^{2+}、Ni^{2+}、Pb^{2+}、Cd^{2+}、Zn^{2+}、Mn^{2+}、Fe^{2+}	0.1％乙醇溶液	MIn 在水中溶解度小，为防止 PAN 僵化,滴定时必须加热

2. 金属指示剂应具备的条件

① 在滴定的 pH 范围内，游离指示剂本身的颜色与它和 M 形成配合物 MIn 的颜色应有显著的区别，这样才能使终点时颜色变化明显，便于滴定终点的判断。

② 指示剂与 M 的显色反应要灵敏、迅速，且有良好的可逆性。

③ 指示剂与 M 形成的有色配合物 MIn 要有适当的稳定性。如果 MIn 稳定性太差，则在化学计量点前，MIn 就会分解，使终点提前出现，MIn 的稳定性又不能太强，以

免到达化学计量点时 EDTA 仍不能将指示剂取代出来，不发生颜色变化，终点延后。因此，MIn 的稳定性必须小于该金属离子与 EDTA 形成配合物的稳定性，一般要求二者稳定性应相差 100 倍以上。

④ 指示剂与 M 形成的配合物 MIn 应易溶于水。

⑤ 指示剂应具有一定的选择性。

此外，指示剂的化学性质要稳定，不易氧化变质或分解，便于贮藏和使用。

3. 金属指示剂在使用中应注意的问题

(1) 指示剂的封闭　金属指示剂在化学计量点时能从 MIn 配合物中释放出来，从而显示与 MIn 配合物不同的颜色来指示终点。在实际滴定中，如果 MIn 配合物的稳定性大于 MY 的稳定性，或存在其它干扰离子，且干扰离子 N 与 In 形成的配合物稳定性大于 MY 的稳定性，则在化学计量点时，Y 就不能夺取 MIn 中的 M，因而一直显示 MIn 的颜色，这种现象称为指示剂的封闭。

指示剂封闭现象通常采用加入掩蔽剂或分离干扰离子的方法消除。例如在 pH＝10 时以铬黑 T 为指示剂滴定 Ca^{2+}、Mg^{2+} 总量时，Al^{3+}、Fe^{3+}、Cu^{2+}、Co^{2+}、Ni^{2+} 会封闭铬黑 T，使终点无法确定，这时就必须将它们分离或加入少量三乙醇胺（掩蔽 Al^{3+}、Fe^{3+}）和 KCN（掩蔽 Cu^{2+}、Co^{2+}、Ni^{2+}）以消除干扰。

(2) 指示剂的僵化现象　在化学计量点附近，由于 Y 夺取 MIn 中的 M 时非常缓慢，因而指示剂的变色非常缓慢，导致终点拖长，这种现象称为指示剂的僵化。指示剂的僵化是由于有些指示剂本身或金属离子与指示剂形成的配合物在水中的溶解度太小，解决办法是加入有机溶剂或加热以增大其溶解度，从而加快反应速率，使终点变色明显。

(3) 指示剂的氧化变质现象　金属指示剂大多为含有双键的有色化合物，易被日光、氧化剂、空气所氧化，在水溶液中多不稳定，日久会变质。如铬黑 T 在 Mn(Ⅳ)、Ce(Ⅳ) 存在下，会很快被分解褪色。为了克服这一缺点，常配成固体混合物，加入还原性物质如抗坏血酸、羟胺等，或临用时配制。

四、提高配位滴定选择性的方法

在配位滴定中，EDTA 的配位能力强，因此应用广泛，但也决定了其选择性不高。为了消除共存离子的干扰，常采取下列措施提高配位滴定的选择性。

1. 控制酸度

严格地控制被滴定体系的 pH，是成功进行配位滴定的关键。MY 螯合物的稳定性、指示剂的应用、提高螯合反应的选择性等，都要求被滴定体系具有最佳的 pH。同时，由于滴定反应过程中还要释放出 H^+，所以还要求被滴定体系在其最佳 pH 时具有一定的缓冲能力。

但是，高浓度的同时又是配位剂的物质如 $NH_3 \cdot H_2O$、PO_4^{3-} 等，可能从 MY 中夺取 M，致使终点时变色不敏锐，甚至完全不能辨认。所以，在调节被滴定溶液的 pH 时，常先用强碱或强酸将溶液 pH 调至所需之值，然后加入适量的相当 pH 值的缓冲溶液，使被滴定体系既具有足够的缓冲容量，其浓度又不致超过滴定反应所需 pH 最佳范围太多。

2. 应用掩蔽剂

在配位滴定中，如果金属离子 M 和 N 的稳定常数比较接近，就不能用控制酸度的方法进行分别滴定。此时可加入适当的掩蔽剂，使它与干扰离子反应，而不与被测离子作用，以此大大降低干扰离子的浓度，从而消除其干扰。常用的掩蔽方法有配位掩蔽法、沉淀掩蔽法和氧化还原掩蔽法。

（1）配位掩蔽法 是利用配位反应降低或消除干扰离子影响的方法，是最常用的掩蔽法。例如，水硬度的测定，用 EDTA 滴定水中的 Ca^{2+}、Mg^{2+} 时，水中的 Fe^{3+}、Al^{3+} 对测定有干扰。常加入三乙醇胺与 Fe^{3+}、Al^{3+} 生成更稳定的配合物，使之不干扰 Ca^{2+}、Mg^{2+} 的测定。

（2）沉淀掩蔽法 是在溶液中加入沉淀剂（掩蔽剂），使干扰离子与掩蔽剂反应生成沉淀的方法。例如，在 Ca^{2+}、Mg^{2+} 共存的溶液中选择滴定 Ca^{2+}，可加入 NaOH 溶液使溶液的 pH>12，此时，Mg^{2+} 生成 $Mg(OH)_2$ 沉淀，从而不被滴定。

（3）氧化还原掩蔽法 是利用氧化还原反应改变干扰离子的价态，以消除干扰的方法。例如，用 EDTA 滴定 Bi^{3+} 等离子时，溶液中的 Fe^{3+} 会产生干扰，此时可加入抗坏血酸或羟胺，将 Fe^{3+} 还原成 Fe^{2+}，达到掩蔽的作用。

【例 7-1】 某印染厂购进一批氯化锌原料，用 EDTA 法测定 $ZnCl_2$ 含量。称取 0.2500g 试样，溶于水后稀释到 250.00mL，吸取 25.00mL，在 pH=5～6 时，用二甲酚橙作指示剂，用 0.01024mol/L EDTA 滴定，消耗 17.61mL。计算试样中 $ZnCl_2$ 的质量分数。

解：
$$H_2Y^{2-} + Zn^{2+} = ZnY^{2-} + 2H^+$$
$$1 \qquad 1$$

$$0.01024 \times 17.61 \times 10^{-3} \qquad n_{Zn^{2+}} \times \frac{25.00}{250.00}$$

$$n_{Zn^{2+}} = 0.01024 \times 17.61 \times 10^{-3} \times \frac{250.00}{25.00}$$

$$W_{ZnCl_2} = \frac{m_{ZnCl_2}}{m_{试样}} = \frac{0.01024 \times 17.61 \times 10^{-3} \times 250.00 \times 136.3}{0.2500 \times 25.00} \times 100\% = 98.31\%$$

答： 试样中 $ZnCl_2$ 的质量分数为 98.31%。

【例 7-2】 用 0.01860mol/L EDTA 标准溶液测定水中的钙和镁的含量，取 100.0mL 水样，以铬黑 T 为指示剂，在 pH=10 时滴定，消耗 EDTA 20.30mL。另取一份 100.0mL 水样，加 NaOH 调节溶液呈强碱性（pH=12），使 Mg^{2+} 转化为 $Mg(OH)_2$ 沉淀，加入钙指示剂，用 EDTA 滴定，消耗 13.20mL。计算水的总硬度（以 $CaCO_3$ 表示，mg/L）和水中钙和镁的含量（以 $CaCO_3$ 和 $MgCO_3$ 表示，mg/L）。

解：
$$水的总硬度 = \frac{0.01860 \times 20.30 \times 10^{-3} \times M_{CaCO_3} \times 10^3}{100.0 \times 10^{-3}}$$

$$= \frac{0.01860 \times 20.30 \times 10^{-3} \times 100.1 \times 10^{3}}{100.0 \times 10^{-3}} = 378.0(\text{mg/L})$$

$$\text{水中钙的含量} = \frac{0.01860 \times 13.20 \times 10^{-3} \times M_{CaCO_3} \times 10^{3}}{100.0 \times 10^{-3}}$$

$$= \frac{0.01860 \times 13.20 \times 10^{-3} \times 100.1 \times 10^{3}}{100.0 \times 10^{-3}} = 245.8(\text{mg/L})$$

$$\text{水中镁的含量} = \frac{0.01860 \times (20.30 - 13.20) \times 10^{-3} \times M_{MgCO_3} \times 10^{3}}{100.0 \times 10^{-3}}$$

$$= \frac{0.01860 \times (20.30 - 13.20) \times 10^{-3} \times 84.32 \times 10^{3}}{100.0 \times 10^{-3}} = 111.4(\text{mg/L})$$

 练习题

一、单选题

1. 配位滴定法中配制滴定液使用的是（　　）。

A. EDTA　　　　　　B. EDTA 六元酸　　　C. EDTA 二钠盐　　D. EDTA 负四价离子

2. EDTA 在 pH≥11 的溶液中的主要形式是（　　）。

A. H_4Y　　　　　　B. H_2Y^{2-}　　　　　　C. H_6Y^{2+}　　　　　　D. Y^{4-}

3. 配位滴定的酸度将影响（　　）。

A. EDTA 的解离　　　　　　　　　　B. 金属指示剂的解离

C. 金属离子的水解　　　　　　　　　D. A＋B＋C

4. 水的硬度是指溶解于水中的（　　）和（　　）总和。

A. 镁盐　　　　　　B. 钾盐　　　　　　C. 钙盐　　　　　　D. 氯化物

5. EDTA 配位滴定中 Fe^{3+}、Al^{3+} 对铬黑 T 有（　　）。

A. 封闭作用　　　　B. 僵化作用　　　　C. 沉淀作用　　　　D. 氧化作用

6. 配位滴定终点所呈现的颜色是（　　）。

A. 游离金属指示剂的颜色

B. EDTA 与待测金属离子形成配合物的颜色

C. 金属指示剂与待测金属离子形成配合物的颜色

D. 上述 A 与 C 的混合色

7. 配位滴定中使用的指示剂是（　　）。

A. 吸附指示剂　　　B. 自身指示剂　　　C. 金属指示剂　　　D. 酸碱指示剂

8. 为了提高配位滴定的选择性，采取的措施之一是设法降低干扰离子的浓度，其作用叫作（　　）。

A. 控制溶液的酸度　　　　　　　　　B. 掩蔽作用

C. 解蔽作用　　　　　　　　　　　　D. 加入有机试剂

9. 将 0.56g 含 Ca 试样溶解成 250mL 溶液，取 25mL，用 0.02000mol/L EDTA 滴定，耗去 30mL，则试样中 CaO（56.0g·mol^{-1}）含量约为（　　）。

A. 3％　　　　　　B. 60％　　　　　　C. 12％　　　　　　D. 30％

二、计算题

1. 参照 GB 5009.92—2016《食品安全国家标准 食品中钙的测定》中"第二法 EDTA 滴定法"进行实验，吸取 0.50mL 钙标准储备液（100.0mg/L）置于试管中，加 1 滴硫化钠溶液（10g/L）和 0.1mL 柠檬酸钠溶液（0.05mol/L），加 1.5mL 氢氧化钾溶液（1.25mol/L），加 3 滴钙红指示剂，立即以 EDTA 溶液滴定，至指示剂由紫红色变蓝色为止，消耗 EDTA 溶液 1.12mL。计算每毫升 EDTA 溶液相当于钙的质量（mg），即滴定度（T）。

2. 准确称取 0.2212g 乳粉，按国标 GB 5009.92—2016《食品安全国家标准 食品中钙的测定》的方法消解得到 20.00mL 的消解液。准确移取 1.00mL 此消解液，按国标"第二法 EDTA 滴定法"进行实验，滴定至终点时，消耗 EDTA 溶液 1.25mL。已知 EDTA 标准溶液的滴定度 T 为 0.04482g/mL，求该乳粉样品中钙的含量，以 mg/kg 表示。

三、思考题

1. 什么是配合物？配合物的组成有哪些？

2. EDTA 与金属离子配位反应具有哪些特点？

3. 配位滴定中控制溶液的酸度必须考虑哪几方面的影响？

4. 金属指示剂须具备的条件？

技能训练

一、EDTA 标准溶液的配制与标定

【训练目的】

1. 掌握配位滴定的原理。

2. 会配制和标定 EDTA 标准溶液。

3. 会正确判断滴定终点。

4. 会正确处理实验数据并撰写实验报告。

【原理】

EDTA 是配位滴定中最常用的滴定试剂，它能与大多数金属离子形成稳定的 1∶1 配合物。但 EDTA 试剂（常用的为带结晶水的二钠盐）常吸附有少量水分并含有其他杂质，因此不能作为基准物质直接配制标准溶液。

常用于标定 EDTA 的基准物质有 Cu、Zn、Ni、Pb、CuO、ZnO、CaO、$CaCO_3$ 等。此实验中，选用 ZnO 基准物质来标定 EDTA，用铬黑 T 作指示剂，终点时溶液颜色由紫色变为纯蓝色。

【仪器与试剂】

仪器：万分之一分析天平、烧杯（500mL、200mL、100mL）、容量瓶（200mL）、移液管（20mL）、锥形瓶、两用滴定管。

试剂：ZnO 基准物质、乙二胺四乙酸二钠（AR）、铬黑 T 指示剂、HCl(6mol/L)、氨水（1+1）、氨水-氯化铵缓冲溶液（pH=10）。

【操作步骤】

1. 配制 0.02mol/L EDTA 溶液

称取 4g 乙二胺四乙酸二钠置于 500mL 烧杯中，加 500mL 水溶解，转移到试剂瓶中，充分摇匀，待标定。长期放置时，应存放于聚乙烯塑料瓶中。

2. 配制 ZnO 标准溶液

称取 0.34～0.36g 于（850±50）℃高温炉中灼烧至恒重的基准试剂 ZnO 于 100mL 小烧杯中，用少量水润湿。滴加约 4mL HCl(6mol/L)，使 ZnO 全部溶解，定量转移至 200mL 容量瓶中，用水稀释至刻度，摇匀。

3. 标定 EDTA 溶液的准确浓度

准确移取 20.00mL 上述 ZnO 标准溶液于 250mL 的锥形瓶中，加 20mL 水。慢慢滴加氨水（1+1）至刚出现白色浑浊，此时溶液 pH 约为 8，加 10mL 氨水-氯化铵缓冲溶液（pH≈10）及 5 滴铬黑 T(5g/L)。用待标定的 EDTA 溶液滴定至溶液由酒红色变为纯蓝色，平行滴定三次。EDTA 标准溶液的浓度计算公式如下：

$$c = \frac{m \times 20.00}{M \times 200V \times 10^{-3}}$$

式中　c——EDTA 标准溶液的浓度，mol/L；

　　　m——ZnO 的质量，g；

　　　M——ZnO 的摩尔质量，g/mol；

　　　V——滴定时消耗的 EDTA 的体积，mL。

【注意事项】

1. 基准物质溶解要完全，且要全部转移至容量瓶中。

2. 滴加氨水（1+1）调整溶液酸度时要逐滴加入，且边加边摇动锥形瓶，防止滴加过量，以出现浑浊为止。滴加过快时，可能会使浑浊立即消失，误以为还没有出现浑浊。

3. 加入 NH_3-NH_4Cl 缓冲溶液后应尽快滴定，不宜放置过久。

二、水的总硬度的测定

【训练目的】

1. 掌握配位滴定的原理。

2. 会测定水的总硬度。

3. 会正确判断滴定终点。

4. 会正确处理实验数据并撰写实验报告。

水的硬度

【原理】

水或自来水常含有无机杂质和有机杂质。无机杂质有 Mg^{2+}、Ca^{2+}、Fe^{3+}、SO_4^{2-}、CO_3^{2-}、Cl^- 等离子及某些气体。含有溶解的钙离子、镁离子和铁离子的水叫作硬水。这些离子含量的多少用硬度表示。由于钙、镁等的酸式碳酸盐的存在而引起的硬度叫作碳酸盐硬度。煮沸时这些盐会分解，可除去大部分而生成碳酸盐沉淀。例如：

$$Ca(HCO_3)_2 \longrightarrow CaCO_3 \downarrow + CO_2 \uparrow + H_2O$$

因此，习惯上把这种硬度叫作暂时硬度。由钙、镁的氯化物、硫酸盐、硝酸盐等所引起的硬度叫非碳酸盐硬度。由于这些盐煮沸后不会生成沉淀而被除去，习惯上把这种硬度叫作永久硬度。碳酸盐硬度和非碳酸盐硬度之和就是水的总硬度。硬水不适宜工业上使用。例如锅炉若使用硬水，会产生锅垢，从而影响传热效果，浪费燃料，并且会阻塞管道，甚至可能造成爆炸事故。

用 EDTA 滴定时，必须借助于金属指示剂确定滴定终点。常用的指示剂为铬黑 T，它在 $pH=10$ 的缓冲液中，以纯蓝色游离的 HIn^{2-} 形式存在，与 Ca^{2+}、Mg^{2+} 形成酒红色的配合物，通式为：

$$M^{2+} + HIn^{2-} \longrightarrow MIn^- + H^+$$

$$\text{蓝色} \qquad \text{酒红色}$$

Ca^{2+}、Mg^{2+} 与 EDTA 及铬黑 T 形成配合物的稳定性不同，其稳定性大小的顺序为：

$$CaY^{2-} > MgY^{2-} > MgIn^- > CaIn^-$$

测定时，先用 NH_3-NH_4Cl 缓冲溶液调节溶液的 pH 为 10 左右。滴定前，当加入指示剂铬黑 T 时，它首先与水中少量的 Mg^{2+} 配位形成酒红色的配合物，当用 EDTA 溶液滴定时，EDTA 便分别与水中游离的 Ca^{2+}、Mg^{2+} 配位，接近终点时，因 MgY^{2-} 的稳定性大于 $MgIn^-$，故 EDTA 夺取 $MgIn^-$ 中的 Mg^{2+}，使铬黑 T 游离出来，这时溶液由酒红色变为蓝色，指示终点到达。根据等物质的量反应规则，根据 EDTA 标准溶液的浓度和消耗的体积，可计算水的总硬度。

在测定 Ca^{2+} 时，先用 NaOH 溶液调节溶液的 pH 为 12～13，使 Mg^{2+} 转变成 $Mg(OH)_2$ 沉淀。再加入钙指示剂，用 EDTA 滴定至溶液由酒红色变成纯蓝色，即为终点。

【仪器与试剂】

仪器：烧杯（200mL、50mL）、移液管（25mL）、锥形瓶、酸式滴定管。

试剂：EDTA 标准溶液（0.01mol/L）、NH_3-NH_4Cl 缓冲溶液、铬黑 T 指示剂、钙指示剂、三乙醇胺溶液（1∶1）、NaOH(10%)。

【操作步骤】

1. 测定水的总硬度

吸取水样 100mL 于 250mL 锥形瓶中，加入三乙醇胺溶液 3mL，摇匀后再加入 NH_3-NH_4Cl 缓冲溶液 5mL，加 2 滴铬黑 T 指示剂，摇匀，用 EDTA 标准溶液滴定至溶液由酒红色恰变为纯蓝色，平行测定三次。水的总硬度以 $CaCO_3(mg/L)$ 计，计算公式如下：

$$\rho(CaCO_3) = \frac{c(EDTA)V(EDTA)M(CaCO_3) \times 10^3}{V_{水样}}$$

式中　$\rho(CaCO_3)$——水的总硬度，mg/L；

$\qquad c(EDTA)$——EDTA 标准溶液的浓度，mol/L；

$\qquad V(EDTA)$——滴定时消耗的 EDTA 的体积，mL；

$\qquad M(CaCO_3)$——$CaCO_3$ 摩尔质量，g/mol；

$\qquad V_{水样}$——移取的水样体积，mL。

2. 测定 Ca^{2+} 含量

吸取水样 100mL 于 250mL 锥形瓶中，加 5mL 10% NaOH 溶液，摇匀，调节溶液的 pH=12，加少量钙指示剂，摇匀，用 EDTA 标准溶液滴定至溶液由酒红色恰变为纯蓝色，平行测定三次。Ca^{2+} 含量以 $CaO(mg \cdot L^{-1})$ 计，计算公式如下：

$$\rho(CaO) = \frac{c(EDTA)V(EDTA)M(CaO) \times 10^3}{V_{水样}}$$

式中　$\rho(CaO)$　——Ca^{2+} 含量，mg/L；

$\qquad c(EDTA)$　——EDTA 标准溶液的浓度，mol/L；

$\qquad V(EDTA)$　——滴定时消耗的 EDTA 的体积，mL；

$\qquad M(CaO)$　——CaO 摩尔质量，g/mol；

$\qquad V_{水样}$　——移取的水样体积，mL。

【注意事项】

1. NH_3-NH_4Cl 缓冲溶液需在通风橱里取用。

2. 水样中含铁量超过 10mg/L 时，用三乙醇胺掩蔽不完全，需用纯水将水样稀释到 Fe^{3+} 含量不超过 10mg/L。

项目八
重量分析技术

思维导图

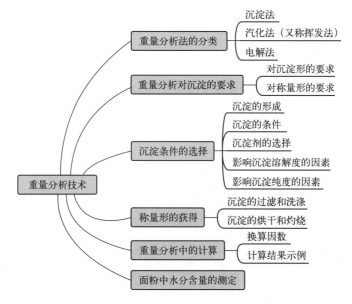

重量分析技术
- 重量分析法的分类
  - 沉淀法
  - 汽化法（又称挥发法）
  - 电解法
- 重量分析对沉淀的要求
  - 对沉淀形的要求
  - 对称量形的要求
- 沉淀条件的选择
  - 沉淀的形成
  - 沉淀的条件
  - 沉淀剂的选择
  - 影响沉淀溶解度的因素
  - 影响沉淀纯度的因素
- 称量形的获得
  - 沉淀的过滤和洗涤
  - 沉淀的烘干和灼烧
- 重量分析中的计算
  - 换算因数
  - 计算结果示例
- 面粉中水分含量的测定

知识目标

1.了解重量分析法的分类和特点。
2.了解沉淀形成的有关理论。

能力目标

1.会选择合适的沉淀条件。
2.会处理重量分析法的结果计算。

职业素养目标

通过对重量分析法沉淀条件选择的学习，理解晶形沉淀条件和非晶形沉淀条件的不同，从而学会具体问题具体分析，不能机械采用同样的方法对待所有的问题。通过重量分析恒重操作的实践，养成规范、细致、耐心操作的工作习惯。实验操作和科学研究都需要具备足够的恒心和毅力，学习中培养为了理想信念和目标不懈奋斗的品质。

必备知识

重量分析法是经典的化学分析方法之一，它是根据生成物的质量来确定被测组分含量的方法。

一、重量分析法的分类

重量分析法是用适当的方法先将试样中待测组分与其他组分分离，然后用称量的方法测定该组分的含量。根据分离方法的不同，重量分析法常分为三类。

1. 沉淀法

沉淀法是重量分析法中的主要方法，这种方法是利用试剂与待测组分生成溶解度很小的沉淀，经过滤、洗涤、烘干或灼烧成为组成一定的物质，然后称其质量，再计算待测组分的含量。例如，测定试样中 SO_4^{2-} 含量时，在试液中加入过量 $BaCl_2$ 溶液，使 SO_4^{2-} 完全生成难溶的 $BaSO_4$ 沉淀，经过滤、洗涤、烘干、灼烧后，称量 $BaSO_4$ 的质量，再计算试样中的 SO_4^{2-} 的含量。

2. 汽化法（又称挥发法）

利用物质的挥发性质，通过加热或其他方法使试样中的待测组分挥发逸出，然后根据试样质量的减少，计算该组分的含量；或者用吸收剂吸收逸出的组分，根据吸收剂质量的增加计算该组分的含量。例如，测定氯化钡晶体（$BaCl_2 \cdot 2H_2O$）中结晶水的含量，可将一定质量的氯化钡试样加热，使水分逸出，根据氯化钡质量的减轻计算试样中水分的含量。也可以用吸湿剂（高氯酸镁）吸收逸出的水分，根据吸湿剂质量的增加来计算水分的含量。

3. 电解法

利用电解的方法使待测金属离子在电极上还原析出，然后称量，根据电极增加的质量，求得其含量。

重量分析法是经典的化学分析法，它通过直接称量得到分析结果，不需要向容量器皿中引入许多数据，也不需要标准试样或基准物质作比较。对高含量组分的测定，重量分析法比较准确，一般测定的相对误差不大于 0.1%。对高含量的硅、磷、钨、镍、稀土元素等试样的精确分析，至今仍常使用重量分析法。但重量分析法的不足之处是操作较烦琐，耗时多，不适于生产中的控制分析；对低含量组分的测定误差较大。

二、重量分析对沉淀的要求

利用沉淀重量法进行分析时，首先将试样溶解为试液，然后加入适当的沉淀剂使其与被测组分发生沉淀反应，并以"沉淀形"沉淀出来。沉淀经过过滤、洗涤，在适当的温度下热处理（烘干或灼烧），转化为"称量形"，再进行称量。根据称量形的化学式计算被测组分在试样中的含量。"沉淀形"和"称量形"可能相同，也可能不同，例如：

$$Ba^{2+} \xrightarrow{\text{沉淀}} BaSO_4 \xrightarrow{\text{灼烧}} BaSO_4$$

被测组分　　　　沉淀形　　　称量形

$$Fe^{3+} \xrightarrow{\text{沉淀}} Fe(OH)_3 \xrightarrow{\text{灼烧}} Fe_2O_3$$

被测组分　　　　沉淀形　　　称量形

在重量分析法中，为获得准确的分析结果，沉淀形和称量形必须满足以下要求。

1. 对沉淀形的要求

① 沉淀要完全，沉淀的溶解度要小，要求测定过程中沉淀的溶解损失不应超过分析天平的称量误差。一般要求溶解损失应小于 0.1mg。例如，测定 Ca^{2+} 时，以形成 $CaSO_4$ 和 CaC_2O_4 两种沉淀形式作比较，$CaSO_4$ 的溶解度较大（$K_{sp}=2.45\times10^{-5}$），CaC_2O_4 的溶解度小（$K_{sp}=1.78\times10^{-9}$）。显然，用 $(NH_4)_2C_2O_4$ 作沉淀剂比用硫酸作沉淀剂沉淀得更完全。

② 沉淀必须纯净，并易于过滤和洗涤。沉淀纯净是获得准确分析结果的重要因素之一。颗粒较大的晶体沉淀（如 $MgNH_4PO_4 \cdot 6H_2O$）其表面积较小，吸附杂质的机会较少，因此沉淀较纯净，易于过滤和洗涤。颗粒细小的晶形沉淀（如 CaC_2O_4、$BaSO_4$），其比表面积大，吸附杂质多，洗涤次数也相应增多。非晶形沉淀［如 $Al(OH)_3$、$Fe(OH)_3$］体积庞大疏松、吸附杂质较多，过滤费时且不易洗净。对于这类沉淀，必须选择适当的沉淀条件以满足对沉淀形的要求。

③ 沉淀形应易于转化为称量形。沉淀经烘干、灼烧时，应易于转化为称量形。例如 Al^{3+} 的测定，若沉淀为 8-羟基喹啉铝［$Al(C_9H_6NO)_3$］，在 130℃烘干后即可称量；而沉淀为 $Al(OH)_3$，则必须在 1200℃灼烧转变为无吸湿性的 Al_2O_3 后，方可称量。因此，测定 Al^{3+} 时选用前法比后法好。

2. 对称量形的要求

① 称量形的组成必须与化学式相符，这是定量计算的基本依据。例如测定 PO_4^{3-} 时，可以形成磷钼酸铵沉淀，但组成不固定，无法利用它作为测定 PO_4^{3-} 的称量形。若采用磷钼酸喹啉法测定 PO_4^{3-}，则可得到组成与化学式相符的称量形。

② 称量形要有足够的稳定性，不易吸收空气中的 CO_2、H_2O。例如测定 Ca^{2+} 时，若将 Ca^{2+} 沉淀为 $CaC_2O_4 \cdot H_2O$，灼烧后得到 CaO，易吸收空气中的 H_2O 和 CO_2，因此，CaO 不宜作为称量形。

③ 称量形的摩尔质量尽可能大，这样可增大称量形的质量，以减小称量误差。例如在铝的测定中，分别用 Al_2O_3 和 8-羟基喹啉铝［$Al(C_9H_6NO)_3$］两种称量形进行测定，若被测组分 Al 的质量为 0.1000g，则可分别得到 0.1888g Al_2O_3 和 1.7040g $Al(C_9H_6NO)_3$。两种称量形由称量误差所引起的相对误差分别为 ±1% 和 ±0.1%。显然，以 $Al(C_9H_6NO)_3$ 作为称量形比用 Al_2O_3 作为称量形测定 Al 的准确度高。

三、沉淀条件的选择

1. 沉淀的形成

要理解沉淀条件的选择，先要了解沉淀的形成过程。沉淀的形成是一个复杂的过程，一般来讲，沉淀的形成要经过晶核形成和晶核长大两个过程，简单表示如下：

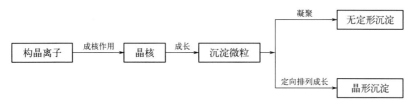

（1）晶核的形成 组成沉淀晶体的离子称为构晶离子，将沉淀剂加入待测组分的试液中，溶液是过饱和状态时，构晶离子由于静电作用而形成微小的晶核。晶核的形成可以分为均相成核和异相成核。

均相成核是指过饱和溶液中构晶离子通过缔合作用，自发地形成晶核的过程。不同的沉淀，组成晶核的离子数目不同。例如：$BaSO_4$ 的晶核由 8 个构晶离子组成，Ag_2CrO_4 的晶核由 6 个构晶离子组成。

异相成核是指在过饱和溶液中，构晶离子在外来固体微粒的诱导下，聚集在固体微粒周围形成晶核的过程。溶液中的晶核数目取决于溶液中混入固体微粒的数目。随着构晶离子浓度的增加，晶体将成长得大一些。

当溶液的相对过饱和度较大时，异相成核与均相成核同时作用，形成的晶核数目多，沉淀颗粒小。

（2）晶形沉淀和无定形沉淀的生成 晶核形成时，溶液中的构晶离子向晶核表面扩散，并沉积在晶核上，晶核逐渐长大形成沉淀微粒。在沉淀过程中，由构晶离子聚集成晶核的速度称为聚集速度；构晶离子按一定晶格定向排列的速度称为定向速度。如果定向速度比聚集速度大得多，溶液中最初生成的晶核不是很多，有更多的离子以晶核为中心，并有足够的时间依次定向排列长大，形成颗粒较大的晶形沉淀。反之聚集速度大于定向速度，则很多离子聚集成大量晶核，溶液中没有更多的离子定向排列到晶核上，于是沉淀就迅速聚集成许多微小的颗粒，因而得到无定形沉淀。

定向速度主要取决于沉淀物质的本性，极性较强的物质，如 $BaSO_4$、$MgNH_4PO_4$ 和 CaC_2O_4 等，一般具有较大的定向速度，易形成晶形沉淀。$AgCl$ 的极性较弱，逐步生成凝乳状沉淀。氢氧化物，特别是高价金属离子的氢氧化物，如 $Fe(OH)_3$、$Al(OH)_3$ 等，由于周围含有大量水分子，阻碍离子的定向排列，一般生成无定形胶状沉淀。

聚集速度与物质的性质有关，同时主要由沉淀的条件决定，其中最重要的是溶液中生成沉淀时的相对过饱和度❶。聚集速度与溶液的相对过饱和度成正比，溶液相对过饱和度越大，聚集速度越大，晶核生成多，易形成无定形沉淀。反之，溶液相对过饱和度小，聚集速度小，晶核生成少，有利于生成颗粒较大的晶形沉淀。因此，通过控制溶液的相对过饱和度，可以改变形成沉淀颗粒的大小，有可能改变沉淀的类型。

2.沉淀的条件

为了获得准确的分析结果，要求沉淀完全、纯净、易于过滤和洗涤，并减小沉淀的

---

❶ 相对过饱和度＝$(Q-s)/s$；式中 Q 为加入沉淀剂瞬间沉淀的浓度，s 为沉淀的溶解度。

溶解损失。因此，对于不同类型的沉淀，应当选用不同的沉淀条件。

（1）晶形沉淀　晶形沉淀是指具有一定形状的晶体，其内部排列规则有序，颗粒直径约为 $0.1\sim1\mu m$。这类沉淀的特点是：结构紧密，具有明显的晶面，沉淀所占体积小、沾污少、易沉降、易过滤和洗涤。例如：$MgNH_4PO_4$、$BaSO_4$ 等典型的晶形沉淀。

为了形成颗粒较大的晶形沉淀，采取以下沉淀条件：

① 在适当稀、热溶液中进行　在稀、热溶液中进行沉淀，可使溶液相对过饱和度保持较低，以利于生成晶形沉淀，同时也有利于得到纯净的沉淀。对于溶解度较大的沉淀，溶液不能太稀，否则沉淀溶解损失较多，影响结果的准确度。在沉淀完全后，应将溶液冷却后再进行过滤。

② 快搅慢加　在不断搅拌的同时缓慢滴加沉淀剂，可使沉淀剂迅速扩散，防止局部相对过饱和度过大而产生大量小晶粒。

③ 陈化　陈化是指沉淀完全后，将沉淀连同母液放置一段时间，使小晶粒变为大晶粒，不纯净的沉淀转变为纯净沉淀的过程。因为在同样条件下，小晶粒的溶解度比大晶粒大。在同一溶液中，对大晶粒为饱和溶液时，对小晶粒则为不饱和，小晶粒就要溶解。这样，溶液中的构晶离子就在大晶粒上沉积，直至达到饱和。这时，小晶粒又为不饱和，又要溶解。如此反复进行，小晶粒逐渐消失，大晶粒不断长大。

陈化过程不仅能使晶粒变大，而且能使沉淀变得更纯净。加热和搅拌可以缩短陈化时间。但是陈化作用对伴随有混晶共沉淀的沉淀，不一定能提高纯度；对伴随有继沉淀的沉淀，不仅不能提高纯度，有时反而会降低纯度。

（2）无定形沉淀　无定形沉淀是指无晶体结构特征的一类沉淀，如 $Fe(OH)_3$、$Al(OH)_3$ 是典型的无定形沉淀。无定形沉淀是由许多聚集在一起的微小颗粒（直径小于 $0.02\mu m$）组成的，内部排列杂乱无章、结构疏松、体积庞大、吸附杂质多，不能很好地沉降，无明显的晶面，难以过滤和洗涤。它与晶形沉淀的主要差别在于颗粒大小不同。

通过创造适宜的沉淀条件来改善沉淀的结构，使之不致形成胶体，并且有较紧密的结构，便于过滤和减小杂质吸附。因此，无定形沉淀的沉淀条件是：

① 在较浓的溶液中进行沉淀　在浓溶液中进行沉淀，离子水化程度小，结构较紧密，体积较小，容易过滤和洗涤。但在浓溶液中，杂质的浓度也比较高，沉淀吸附杂质的量也较多。因此，在沉淀完毕后，应立即加入热水稀释搅拌，使被吸附的杂质离子转移到溶液中。

② 在热溶液中及电解质存在下进行沉淀　在热溶液中进行沉淀可防止生成胶体，并减少杂质的吸附。电解质的存在，可促使带电荷的胶体粒子相互凝聚沉降，加快沉降速度，因此，电解质一般选用易受热分解的铵盐如 NH_4NO_3 或 NH_4Cl 等，它们在灼烧时均可分解除去。有时在溶液中加入与胶体带相反电荷的另一种胶体来代替电解质，可使被测组分沉淀完全。例如测定 SiO_2 时，加入带正电荷的动物胶与带负电荷的硅酸胶体凝聚而沉降下来。

③ 趁热过滤洗涤　沉淀完毕后，趁热过滤，不要陈化，因为沉淀放置后逐渐失去

水分，聚集得更为紧密，使吸附的杂质更难洗去。

洗涤无定形沉淀时，一般选用热、稀的电解质溶液作洗涤液，主要是防止沉淀重新变为胶体而难以过滤和洗涤，常用的洗涤液有 NH_4NO_3、NH_4Cl 或氨水。

无定形沉淀吸附杂质较严重，一次沉淀很难保证纯净，必要时进行再沉淀。

3. 沉淀剂的选择

选择沉淀剂时应考虑如下几点：

(1) 选用具有较好选择性的沉淀剂　所选的沉淀剂只能和待测组分生成沉淀，而与试液中的其他组分不起作用。例如：丁二酮肟和 H_2S 都可以沉淀 Ni^{2+}，但在测定 Ni^{2+} 时常选用前者。又如沉淀锆离子时，选用在盐酸溶液中与锆离子有特效反应的苦杏仁酸作沉淀剂，这时即使有钛、铁、钡、铝、铬等十几种离子存在，也不发生干扰。

(2) 选用能与待测离子生成溶解度最小的沉淀的沉淀剂　所选的沉淀剂应能使待测组分沉淀完全。例如：生成难溶的钡的化合物有 $BaCO_3$、$BaCrO_4$、BaC_2O_4 和 $BaSO_4$。根据其溶解度可知，$BaSO_4$ 溶解度最小。因此以 $BaSO_4$ 的形式沉淀 Ba^{2+} 比生成其它难溶化合物好。

(3) 尽可能选用易挥发或经灼烧易除去的沉淀剂　这样沉淀中带有的沉淀剂即便未洗净，也可以借烘干或灼烧而除去。一些铵盐和有机沉淀剂都能满足这项要求，例如：用氢氧化物沉淀 Fe^{3+} 时，选用氨水而不用 $NaOH$ 作沉淀剂。

(4) 选用溶解度较大的沉淀剂　用此类沉淀剂可以减小沉淀对沉淀剂的吸附作用。例如：利用生成难溶钡的化合物沉淀 SO_4^{2-} 时，应选 $BaCl_2$ 作沉淀剂，而不用 $Ba(NO_3)_2$。因为 $Ba(NO_3)_2$ 的溶解度比 $BaCl_2$ 小，$BaSO_4$ 吸附 $Ba(NO_3)_2$ 比吸附 $BaCl_2$ 严重。

4. 影响沉淀溶解度的因素

影响沉淀溶解度的因素包括同离子效应、盐效应、酸效应、配位效应等。此外，温度、介质、沉淀结构和颗粒大小等对沉淀的溶解度也有影响。

(1) 同离子效应　当沉淀反应达到平衡后，如果向溶液中加入适当过量的含有某一构晶离子的试剂或溶液，则沉淀的溶解度减小，这种现象称为同离子效应。

例如：25℃时，$BaSO_4$ 在水中的溶解度为

$$s=[Ba^{2+}]=[SO_4^{2-}]=\sqrt{K_{sp}}=\sqrt{6\times10^{-10}}=2.4\times10^{-5}(mol/L)$$

如果使溶液中的 $[SO_4^{2-}]$ 增至 $0.10mol/L$，此时 $BaSO_4$ 的溶解度为

$$s=[Ba^{2+}]=K_{sp}/[SO_4^{2-}]=(6\times10^{-10}/0.10)mol/L=6\times10^{-9}(mol/L)$$

即 $BaSO_4$ 的溶解度约减小至万分之一。

因此，在实际分析中，常加入过量沉淀剂，利用同离子效应，使被测组分沉淀完全。但沉淀剂过量太多，可能引起盐效应、酸效应及配位效应等副反应，反而使沉淀的溶解度增大。一般情况下，沉淀剂过量 $50\%\sim100\%$ 是合适的，如果沉淀剂是不易挥发的，则以过量 $20\%\sim30\%$ 为宜。

(2) 盐效应　沉淀反应达到平衡时，由于强电解质的存在或加入其它强电解质，沉

淀的溶解度增大，这种现象称为盐效应。例如：$AgCl$、$BaSO_4$ 在 KNO_3 溶液中的溶解度比在纯水中大，而且溶解度随 KNO_3 浓度增大而增大。

产生盐效应的原因是由于离子的活度系数 γ 与溶液中加入的强电解质的浓度有关，当强电解的浓度增大到一定程度时，离子强度增大因而离子活度系数明显减小。而在一定温度下 K_{sp} 为一常数，因而 $[M^+][A^-]$ 必然要增大，致使沉淀的溶解度增大。因此，利用同离子效应降低沉淀的溶解度时，应考虑盐效应的影响，即沉淀剂不能过量太多。

应该指出，如果沉淀本身的溶解度很小，一般来讲，盐效应的影响很小，可以不予考虑。只有当沉淀的溶解度比较大，而且溶液的离子强度很高时，才考虑盐效应的影响。

(3) 酸效应　溶液酸度对沉淀溶解度的影响，称为酸效应。酸效应的发生主要是由于溶液中 H^+ 浓度的大小对弱酸、多元酸或难溶酸解离平衡的影响。因此，酸效应对于不同类型沉淀的影响情况不一样，若沉淀是强酸盐（如 $BaSO_4$、$AgCl$ 等）其溶解度受酸度影响不大，但对弱酸盐如 CaC_2O_4 则酸效应影响就很显著。如 CaC_2O_4 沉淀在溶液中有下列平衡：

$$CaC_2O_4 \rightleftharpoons Ca^{2+} + C_2O_4^{2-}$$
$$-H^+ \big\updownarrow +H^+$$
$$HC_2O_4^- \underset{-H^+}{\overset{+H^+}{\rightleftharpoons}} H_2C_2O_4$$

当酸度较高时，沉淀溶解平衡向右移动，从而增加了沉淀溶解度。

为了防止沉淀溶解损失，弱酸盐沉淀如碳酸盐、草酸盐、磷酸盐等，通常应在较低的酸度下进行沉淀。如果沉淀本身是弱酸，如硅酸（$SiO_2 \cdot nH_2O$）、钨酸（$WO_3 \cdot nH_2O$）等，易溶于碱，则应在强酸性介质中进行沉淀。如果沉淀是强酸盐，如 $AgCl$ 等，在酸性溶液中进行沉淀时，溶液的酸度对沉淀的溶解度影响不大。对于硫酸盐沉淀，例如 $BaSO_4$、$SrSO_4$ 等，由于 H_2SO_4 的 K_{a2} 不大，当溶液的酸度太高时，沉淀的溶解度也随之增大。

(4) 配位效应　进行沉淀反应时，若溶液中存在能与构晶离子生成可溶性配合物的配位剂，则可使沉淀溶解度增大，这种现象称为配位效应。配位剂主要来自两方面，一是沉淀剂本身，二是加入的其他试剂。

例如用 Cl^- 沉淀 Ag^+ 时，得到 $AgCl$ 白色沉淀，若向此溶液中加入氨水，则因 NH_3 配位形成 $[Ag(NH_3)_2]^+$，使 $AgCl$ 的溶解度增大，甚至全部溶解。如果在沉淀 Ag^+ 时，加入过量的 Cl^-，则 Cl^- 能与 $AgCl$ 沉淀进一步形成 $AgCl_2^-$ 和 $AgCl_3^{2-}$ 等配离子，也使 $AgCl$ 沉淀逐渐溶解，这时 Cl^- 沉淀剂本身就是配位剂。由此可见，在用沉淀剂进行沉淀时，应严格控制沉淀剂的用量，同时注意外加试剂的影响。

配位效应使沉淀的溶解度增大的程度与沉淀的溶度积、配位剂的浓度和形成配合物的稳定常数有关。沉淀的溶度积越大，配位剂的浓度越大，形成的配合物越稳定，沉淀就越容易溶解。

综上所述，在实际工作中应根据具体情况来考虑哪种效应是主要的。对无配位反应的强酸盐沉淀，主要考虑同离子效应和盐效应，对弱酸盐或难溶盐的沉淀，多数情况主要考虑酸效应。对于有配位反应且沉淀的溶度积又较大的情况，易形成稳定配合物时，应主要考虑配位效应。

（5）其他影响因素 除上述因素外，温度和其它溶剂、沉淀颗粒大小和结构等，都对沉淀的溶解度有影响。

① 温度的影响 沉淀的溶解一般是吸热过程，其溶解度随温度升高而增大。因此，对于一些在热溶液中溶解度较大的沉淀，过滤洗涤必须在室温下进行，如 $MgNH_4PO_4$、CaC_2O_4 等。对于一些溶解度小，冷时又较难过滤和洗涤的沉淀，则采用趁热过滤，并用热的洗涤液进行洗涤，如 $Fe(OH)_3$、$Al(OH)_3$ 等。

② 溶剂的影响 无机物沉淀大部分是离子型晶体，它们在有机溶剂中的溶解度一般比在纯水中要小。例如 $PbSO_4$ 沉淀在 $100mL$ 水中的溶解度为 $1.5 \times 10^{-4} mol/L$，而在 $100mL$ 乙醇溶液（体积分数为 50%）中的溶解度为 $7.6 \times 10^{-6} mol/L$。

③ 沉淀颗粒大小和结构的影响 同一种沉淀，在质量相同时，颗粒越小，其总表面积越大，溶解度越大。由于小晶体比大晶体有更多的角、边和表面，处于这些位置的离子受晶体内离子的吸引力小，又受到溶剂分子的作用，容易进入溶液中。因此，小颗粒沉淀的溶解度比大颗粒沉淀的溶解度大。所以，在实际分析中，要尽量创造条件以利于形成大颗粒晶体。

5. 影响沉淀纯度的因素

沉淀从溶液中析出时，总会或多或少地夹杂溶液中的其他组分。因此必须了解影响沉淀纯度的各种因素，找出减少杂质混入的方法，以获得符合重量分析要求的沉淀。

影响沉淀纯度的主要因素有共沉淀和继沉淀。

（1）共沉淀 当沉淀从溶液中析出时，溶液中的某些可溶性组分也同时沉淀下来的现象称为共沉淀。共沉淀是引起沉淀不纯的主要原因，也是重量分析误差的主要来源之一。共沉淀现象主要有以下三类。

① 表面吸附 由于沉淀表面离子电荷的作用力未达到平衡，因而产生自由静电力场。沉淀表面静电引力作用吸引了溶液中带相反电荷的离子，使沉淀微粒带有电荷，形成吸附层。带电荷的微粒又吸引溶液中带相反电荷的离子，构成电中性的分子。因此，沉淀表面吸附了杂质分子。例如：加过量 $BaCl_2$ 到 H_2SO_4 的溶液中，生成 $BaSO_4$ 晶体沉淀。沉淀表面上的 SO_4^{2-} 由于静电引力强烈地吸引溶液中的 Ba^{2+}，形成第一吸附层，使沉淀表面带正电荷。然后它又吸引溶液中带负电荷的离子，如 Cl^-，构成电中性的双电层，如图 8-1 所示。双电层能随颗粒一起下沉，因而使沉淀被污染。

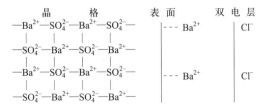

图 8-1 晶体表面吸附示意图

显然，沉淀的总表面积越大，吸附的杂质就越多；溶液中杂质离子的浓度越高，价态越高，越易被吸附。由于吸附作用是一个放热反应，所以升高溶液的温度，可减少杂质的吸附。

② 吸留和包藏　吸留是被吸附的杂质机械地嵌入沉淀中。包藏常指母液机械地包裹在沉淀中。这些现象的发生，是由于沉淀剂加入太快，使沉淀急速生长，沉淀表面吸附的杂质来不及离开就被随后生成的沉淀所覆盖，使杂质离子或母液被吸留或包藏在沉淀内部。这类共沉淀不能用洗涤的方法将杂质除去，可以改变沉淀条件或采用重结晶的方法来减免。

③ 混晶　当溶液杂质离子与构晶离子半径相近，晶体结构相同时，杂质离子将进入晶核排列中形成混晶。例如 Pb^{2+} 和 Ba^{2+} 半径相近，电荷相同，在用 H_2SO_4 沉淀 Ba^{2+} 时，Pb^{2+} 能够取代 $BaSO_4$ 中的 Ba^{2+} 进入晶核形成 $PbSO_4$ 与 $BaSO_4$ 的混晶共沉淀。又如 $AgCl$ 与 $AgBr$、$MgNH_4PO_4 \cdot 6H_2O$ 和 $MgNH_4AsO_4$ 等都易形成混晶。为了减少混晶的生成，最好在沉淀前先将杂质分离出去。

(2) 继沉淀　在沉淀析出后，当沉淀与母液一起放置时，溶液中某些杂质离子可能慢慢地沉积到原沉淀上，放置时间越长，杂质析出的量越多，这种现象称为继沉淀。例如：Mg^{2+} 存在时以 $(NH_4)_2C_2O_4$ 沉淀 Ca^{2+}，Mg^{2+} 易形成稳定的草酸盐过饱和溶液而不立即析出。如果把形成的 CaC_2O_4 沉淀过滤，则发现沉淀表面上吸附有少量镁离子。若将含有 Mg^{2+} 的母液与 CaC_2O_4 沉淀一起放置一段时间，则 MgC_2O_4 沉淀的量将会增多。

由继沉淀引入杂质的量比共沉淀要多，且随沉淀在溶液中放置时间的延长而增多。因此为防止继沉淀的发生，某些沉淀的陈化时间不宜过长。

四、称量形的获得

沉淀完毕后，还需经过滤、洗涤、烘干或灼烧，最后得到符合要求的称量形。

1. 沉淀的过滤和洗涤

沉淀常用定量滤纸（也称无灰滤纸）或玻璃砂芯坩埚过滤。对于需要灼烧的沉淀，应根据沉淀的性状选用紧密程度不同的滤纸。一般无定形沉淀如 $Al(OH)_3$、$Fe(OH)_3$ 等，选用疏松的快速滤纸，粗颗粒的晶形沉淀如 $MgNH_4PO_4 \cdot 6H_2O$ 等选用较紧密的中速滤纸，颗粒较小的晶形沉淀如 $BaSO_4$ 等，选用紧密的慢速滤纸。

对于只需烘干即可作为称量形的沉淀，应选用玻璃砂芯坩埚过滤。

洗涤沉淀是为了洗去沉淀表面吸附的杂质和混杂在沉淀中的母液。洗涤时要尽量减小沉淀的溶解损失和避免形成胶体。因此，需选择合适的洗涤液。选择洗涤液的原则是：对于溶解度很小，又不易形成胶体的沉淀，可用蒸馏水洗涤；对于溶解度较大的晶形沉淀，可用沉淀剂的稀溶液洗涤，但沉淀剂必须在烘干或灼烧时易挥发或易分解除去，例如用 $(NH_4)_2C_2O_4$ 稀溶液洗涤 CaC_2O_4 沉淀；对于溶解度较小而又能形成胶体的沉淀，应用易挥发的电解质稀溶液洗涤，例如用 NH_4NO_3 稀溶液洗涤 $Fe(OH)_3$ 沉淀。

用热洗涤液洗涤，则过滤较快，且能防止形成胶体，但溶解度随温度升高而增大较快的沉淀不能用热洗涤液洗涤。

洗涤必须连续进行，一次完成，不能将沉淀放置太久，尤其是一些非晶形沉淀，放置凝聚后，不易洗净。

洗涤沉淀时，即要将沉淀洗净，又不能增加沉淀的溶解损失。同体积的洗涤液，采用"少量多次""尽量沥干"的洗涤原则，用适当少的洗涤液，分多次洗涤，每次加洗涤液前，使前次洗涤液尽量流尽，这样可以提高洗涤效果。

在沉淀的过滤和洗涤操作中，为缩短分析时间和提高洗涤效率，都应采用倾泻法。

2. 沉淀的烘干和灼烧

沉淀的烘干和灼烧是为了除去沉淀中的水分和挥发性物质，并转化为组成固定的称量形。烘干或灼烧的温度和时间，随沉淀的性质而定。

灼烧温度一般在800℃以上，常用瓷坩埚盛放沉淀。若需用氢氟酸处理沉淀，则应选用铂坩埚。灼烧沉淀前，用定量滤纸将沉淀包好，放入已灼烧至质量恒定的瓷坩埚中，先加热烘干、炭化后再进行灼烧。

沉淀经烘干或灼烧至质量恒定后，由其质量即可计算测定结果。

五、重量分析中的计算

1. 换算因数

重量分析中，当最后称量形与被测组分形式一致时，计算其分析结果就比较简单。例如，测定要求计算 SiO_2 的含量，重量分析最后称量形也是 SiO_2，其分析结果按下式计算：

$$w(SiO_2) = \frac{m(SiO_2)}{m_s} \times 100\%$$

式中，$w(SiO_2)$ 为 SiO_2 的质量分数，%；$m(SiO_2)$ 为 SiO_2 沉淀质量，g；m_s 为试样质量，g。

如果最后称量形与被测组分形式不一致，分析结果就要进行适当的换算。如测定钡时，得到 $BaSO_4$ 沉淀 0.5051g，可按下列方法换算成被测组分钡的质量。

$$BaSO_4 \longrightarrow Ba$$
$$233.4 \qquad 137.4$$
$$0.5051g \qquad m(Ba)$$

$$m(Ba) = 0.5051 \times \frac{137.4}{233.4} = 0.2973(g)$$

即

$$m(Ba) = m(BaSO_4)\frac{M(Ba)}{M(BaSO_4)}$$

式中，$m(BaSO_4)$ 为称量形 $BaSO_4$ 的质量，g；$\dfrac{M(Ba)}{M(BaSO_4)}$ 是将 $BaSO_4$ 的质量换算成 Ba 的质量的分式，此分式是一个常数，与试样质量无关。这一比值通常称为换算因数或化学因数（即欲测组分的摩尔质量与称量形的摩尔质量之比，常用 F 表示）。将称量形的质量换算成所要测定组分的质量后，即可按前面计算 SiO_2 分析结果的方法进行计算。

$$F = \frac{M(\text{待测})}{M(\text{沉淀})}(\text{分子、分母所含被测组分的原子或分子数目相等})$$

式中　$M(\text{待测})$——待测组分的摩尔质量，g/mol；

　　　　$M(\text{沉淀})$——沉淀称量形的摩尔质量，g/mol。

计算换算因数时，一定要注意使分子和分母所含被测组分的原子或分子数目相等，所以在待测组分的摩尔质量和称量形摩尔质量之前有时需要乘以适当的系数。分析化学手册中可查到常见物质的换算因数。表 8-1 列出几种常见物质的换算因数。

表 8-1　几种常见物质的换算因数

被测组分	沉淀形	称量形	换算因数
Fe	$Fe_2O_3 \cdot nH_2O$	Fe_2O_3	$2M(Fe)/M(Fe_2O_3)=0.6994$
Fe_3O_4	$Fe_2O_3 \cdot nH_2O$	Fe_2O_3	$2M(Fe_3O_4)/3M(Fe_2O_3)=0.9666$
P	$MgNH_4PO_4 \cdot 6H_2O$	$Mg_2P_2O_7$	$2M(P)/M(Mg_2P_2O_7)=0.2783$
P_2O_5	$MgNH_4PO_4 \cdot 6H_2O$	$Mg_2P_2O_7$	$M(P_2O_5)/M(Mg_2P_2O_7)=0.6377$
MgO	$MgNH_4PO_4 \cdot 6H_2O$	$Mg_2P_2O_7$	$2M(MgO)/M(Mg_2P_2O_7)=0.3621$
S	$BaSO_4$	$BaSO_4$	$M(S)/M(BaSO_4)=0.1374$

2. 结果计算示例

【例 8-1】用 $BaSO_4$ 重量分析法测定黄铁矿中硫的含量时，称取试样 0.1819g，最后得到 $BaSO_4$ 沉淀 0.4821g，计算试样中硫的质量分数。

解：沉淀形为 $BaSO_4$，称量形也是 $BaSO_4$，但被测组分是 S，所以必须把称量形利用换算因数换算为被测组分，才能算出被测组分的含量。已知 $BaSO_4$ 分子量为 233.4；S 原子量为 32.06。

因为
$$W_S = \frac{m_S}{m_s} \times 100\% = \frac{m(BaSO_4)\dfrac{M(S)}{M(BaSO_4)}}{m_s} \times 100\%$$

$$= \frac{m(BaSO_4)M(S)}{m_s M(BaSO_4)} \times 100\%$$

所以
$$W_S = \frac{0.4821 \times 32.06}{0.1819 \times 233.4} \times 100\% = 36.41\%$$

答：该试样中硫的质量分数为 36.41%。

【例 8-2】测定磁铁矿（不纯的 Fe_3O_4）中铁的含量时，称取试样 0.1666g，经溶解、氧化，使 Fe^{3+} 沉淀为 $Fe(OH)_3$，灼烧后得 Fe_2O_3 质量为 0.1370g，计算试样中：(1) Fe 的质量分数；(2) Fe_3O_4 的质量分数。

解：（1）已知：$M(Fe)=55.85g/mol$；$M(Fe_3O_4)=231.5g/mol$；$M(Fe_2O_3)=159.7g/mol$。

因为
$$w(Fe) = \frac{m(Fe)}{m_s} \times 100\% = \frac{m(Fe_2O_3)\dfrac{2M(Fe)}{M(Fe_2O_3)}}{m_s} \times 100\%$$

$$=\frac{m(\mathrm{Fe_2O_3})2M(\mathrm{Fe})}{m_s M(\mathrm{Fe_2O_3})}\times100\%$$

所以　　　　　　　$W(\mathrm{Fe})=\dfrac{0.1370\times2\times55.85}{0.1666\times159.7}\times100\%=57.52\%$

答：该磁铁矿试样中 Fe 的质量分数为 57.52%。

（2）按题意

因为　　　$w(\mathrm{Fe_3O_4})=\dfrac{m(\mathrm{Fe_3O_4})}{m_s}\times100\%=\dfrac{m(\mathrm{Fe_2O_3})\dfrac{2M(\mathrm{Fe_3O_4})}{3M(\mathrm{Fe_2O_3})}}{m_s}\times100\%$

$$=\frac{m(\mathrm{Fe_2O_3})\times2M(\mathrm{Fe_3O_4})}{m_s\times3M(\mathrm{Fe_2O_3})}\times100\%$$

所以　　　　　　　$w(\mathrm{Fe_3O_4})=\dfrac{0.1370\times2\times231.5}{0.1666\times3\times159.7}\times100\%=79.47\%$

答：该磁铁矿试样中 $\mathrm{Fe_3O_4}$ 的质量分数为 79.47%。

【例 8-3】 分析某一化学纯 $\mathrm{AlPO_4}$ 的试样，得到 0.1126g $\mathrm{Mg_2P_2O_7}$，问可以得到多少克 $\mathrm{Al_2O_3}$？

解：已知 $M(\mathrm{Mg_2P_2O_7})=222.6\mathrm{g/mol}$；$M(\mathrm{Al_2O_3})=102.0\mathrm{g/mol}$。

按题意：$\mathrm{Mg_2P_2O_7}\sim2P\sim2Al\sim\mathrm{Al_2O_3}$

因此　　　　　　　　$m(\mathrm{Al_2O_3})=m(\mathrm{Mg_2P_2O_7})\dfrac{M(\mathrm{Al_2O_3})}{M(\mathrm{MgP_2O_7})}$

所以　　　　　　　　$m(\mathrm{Al_2O_3})=0.1126\times\dfrac{102.0}{222.6}=0.05160(\mathrm{g})$

答：该 $\mathrm{AlPO_4}$ 试样可得 0.05160g $\mathrm{Al_2O_3}$。

【例 8-4】 铵根离子可用 $\mathrm{H_2PtCl_6}$ 沉淀为 $(\mathrm{NH_4})_2\mathrm{PtCl_6}$，再灼烧为金属 Pt 后称量，反应式如下：

$$(\mathrm{NH_4})_2\mathrm{PtCl_6}=\!=\!=\mathrm{Pt}+2\mathrm{NH_4Cl}+2\mathrm{Cl_2}\!\uparrow$$

若分析得到 0.1032g Pt，求试样中含 $\mathrm{NH_3}$ 的质量（g）。

解：已知 $M(\mathrm{NH_3})=17.03\mathrm{g/mol}$；$M(\mathrm{Pt})=195.1\mathrm{g/mol}$。

按题意　　$(\mathrm{NH_4})_2\mathrm{PtCl_6}\sim\mathrm{Pt}\sim2\mathrm{NH_3}$

因此　　　　　　　　　　$m(\mathrm{NH_3})=m(\mathrm{Pt})\dfrac{2M(\mathrm{NH_3})}{M(\mathrm{Pt})}$

所以　　　　　　　$m(\mathrm{NH_3})=0.1032\times\dfrac{2\times17.03}{195.1}=0.01802(\mathrm{g})$

答：该试样中含 $\mathrm{NH_3}$ 的质量为 0.01802g。

 练习题

一、选择题

1. 只需烘干就可称量的沉淀，选用（　　　）过滤。

A. 玻璃砂芯坩埚　　　　B. 定性滤纸　　　　C. 无灰滤纸　　　　D. 定量滤纸

2. 沉淀的类型与定向速度有关，定向速度的大小主要相关因素是（　　　）。

A. 离子大小　　　　B. 物质的极性　　　　C. 溶液浓度　　　　D. 相对过饱和度

3. 沉淀的类型与聚集速度有关，聚集速度的大小主要相关因素是（　　　）。

A. 物质的性质　　　　B. 溶液的浓度　　　　C. 过饱和度　　　　D. 相对过饱和度

4. 下列各条件中（　　　）不是晶形沉淀所要求的沉淀条件。

A. 沉淀作用宜在较浓溶液中进行　　　　B. 应在不断的搅拌下加入沉淀剂

C. 沉淀作用宜在热溶液中进行　　　　D. 应进行沉淀的陈化

5. 使沉淀溶解度变小的因素有（　　　）。

A. 同离子效应　　　　B. 盐效应　　　　C. 酸效应　　　　D. 配位效应

6. 将磷矿石中的磷以 $MgNH_4PO_4$ 形式沉淀，在灼烧后以 $Mg_2P_2O_7$ 形式称重，计算 P_2O_5 含量时的换算因数算式是（　　　）。

A. $\dfrac{M(P_2O_5)}{M(MgNH_4PO_4)}$

B. $\dfrac{M(P_2O_5)}{2M(MgNH_4PO_4)}$

C. $\dfrac{M(P_2O_5)}{2M(Mg_2P_2O_7)}$

D. $\dfrac{M(P_2O_5)}{M(Mg_2P_2O_7)}$

7. 用烘干法测定煤中的水分含量属于重量分析法的是（　　　）。

A. 沉淀法　　　　B. 汽化法　　　　C. 电解法　　　　D. 萃取法

8. 沉淀重量分析中，依据沉淀性质，由（　　　）计算试样的称样量。

A. 沉淀的质量　　　　　　　　B. 沉淀的重量

C. 沉淀灼烧后的质量　　　　　　D. 沉淀剂的用量

9. 称取硅酸盐试样 1.0000g，在 105℃ 下干燥至恒重，又称其质量为 0.9793g，则该硅酸盐试样中水分的质量分数为（　　　）。

A. 97.93％　　　　B. 96.07％　　　　C. 3.93％　　　　D. 2.07％

10. 沉淀中若杂质含量太高，则应采用（　　　）措施使沉淀纯净。

A. 再沉淀　　　　　　　　B. 提高沉淀体系温度

C. 增加陈化时间　　　　　　D. 减小沉淀的比表面积

11. 将称量瓶置于烘箱中干燥时，应将瓶盖（　　　）。

A. 横放在瓶口上　　　　B. 盖紧　　　　C. 取下　　　　D. 任意放置

12. 沉淀完全后进行陈化是为了（　　　）。（多选）

A. 使无定形沉淀转化为晶形沉淀　　　　B. 使沉淀更为纯净

C. 加速沉淀作用　　　　　　　　　　D. 使沉淀颗粒变大

13. 影响沉淀溶解度大小的因素有（　　　）。（多选）

A. 温度　　　　B. 浓度　　　　C. 同离子效应　　　　D. 搅拌速度

二、计算题

1. 重量分析法测定 $BaCl_2 \cdot H_2O$ 中钡的含量，纯度约 90％，要求得到 0.5g $BaSO_4$，问应称试样多少克？

2. 称取合金钢 0.4289g，将镍离子沉淀为丁二酮肟镍（$NiC_8H_{14}O_4N_4$），烘干后的质量为 0.2671g。计算合金钢中镍的质量分数。

3. 分析一磁铁矿 0.5000g，得 Fe_2O_3 质量为 0.4980g，计算磁铁矿中：（1）Fe 的质量分数；（2）Fe_3O_4 的质量分数。

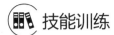 **技能训练**

面粉中水分含量的测定

【训练目的】

1. 掌握汽化法（挥发法）测定面粉中水分的方法原理。
2. 会正确使用电热恒温干燥箱。
3. 会用汽化法测定食品中的水分。
4. 会进行数据处理。

【原理】

参考《食品安全国家标准 食品中水分的测定》（GB 5009.3—2016）。利用食品中水分的物理性质，在 101.3kPa（一个大气压），温度为 101～105℃下采用挥发法测定样品中干燥减少的重量，包括吸湿水、部分结晶水和该条件下能挥发的物质的重量，再通过干燥前后的称量数值计算出水分的含量。

【仪器与试剂】

仪器：扁形铝制或玻璃制称量瓶、电热恒温干燥箱、干燥器（内附有效干燥剂）、天平（感量为 0.1mg）、隔热手套。

试剂：面粉样品。

【操作步骤】

1. 称量瓶的准备

取洁净铝制或玻璃制的扁形称量瓶，置于 101～105℃干燥箱中，瓶盖斜支于瓶边，加热 1.0h 后，取出盖好，置干燥器内冷却 0.5h，称量，并重复干燥至前后两次质量差不超过 2mg，即为恒重。

2. 样品测定

称取 5g 试样（精确至 0.0001g），放入上述称量瓶中，试样厚度不超过 10mm，加盖，精密称量后，置于 101～105℃干燥箱中，瓶盖斜支于瓶边，干燥 2～4h 后，盖好取出，放入干燥器内冷却 0.5h 后称量。然后放入 101～105℃干燥箱中干燥 1h 左右，取出，放入干燥器内冷却 0.5h 后再称量。并重复以上操作至前后两次质量差不超过 2mg，即为恒重。注：两次恒重值在最后计算中，取质量较小的一次称量值。面粉试样中的水分含量计算公式如下：

$$X = \frac{m_1 - m_2}{m_1 - m_3} \times 100$$

式中　X——试样中水分的含量，g/100g；

　　m_1——称量瓶和试样的质量，g；

m_2——称量瓶和试样干燥后的质量，g；

m_3——称量瓶的质量，g。

水分含量$\geqslant 1g/100g$ 时，计算结果保留三位有效数字；水分含量$< 1g/100g$ 时，计算结果保留两位有效数字。

【注意事项】

1. 空称量瓶恒重时，应连同盖子一同恒重。

2. 样品量要合适，厚度不得超过 10mm。

3. 干燥时，应将称量瓶瓶盖斜支于瓶边，称量时盖好瓶盖。

4. 称量瓶恒重操作时，保证冷却时间、冷却条件一致，并在同一台天平上进行称量操作。

5. 注意从烘箱取放物品时，戴好隔热手套，防止烫伤。

项目九
吸光光度分析技术

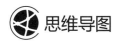

思维导图

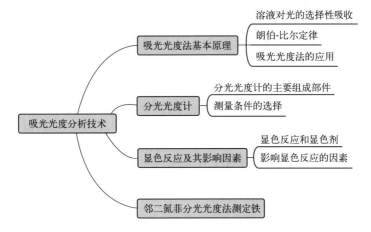

吸光光度分析技术
- 吸光光度法基本原理
  - 溶液对光的选择性吸收
  - 朗伯-比尔定律
  - 吸光光度法的应用
- 分光光度计
  - 分光光度计的主要组成部件
  - 测量条件的选择
- 显色反应及其影响因素
  - 显色反应和显色剂
  - 影响显色反应的因素
- 邻二氮菲分光光度法测定铁

知识目标

1. 了解光的基本性质。
2. 了解光的选择性吸收原理。
3. 掌握朗伯-比尔定律的含义。

能力目标

1. 会正确使用分光光度计。
2. 会正确选择测量条件。

职业素养目标

　　吸光光度法是一种应用范围广的定量分析方法。该方法可用于测定土壤、矿样、水等物质中微量元素，掌握此方法技能可为建设天蓝、地绿、水清的美丽新中国注入活力。通过本项目的学习，关注国家需求和行业发展，及时更新自己的知识储备，从而更好地与时代接轨，做到学有所思、学有所成、学有所用。培养脚踏实地、实事求是的科学态度和扎实的专业技能，立志成为对社会发展有贡献的专业技术人才。

必备知识

吸光光度法是基于物质对光的选择性吸收而建立的一种分析方法，可对物质进行定性和定量分析，主要包括比色法、可见-紫外分光光度法、红外分光光度法和原子吸收分光光度法等。

吸光光度法是仪器分析法的一个重要分支，主要应用于测定试样中微量组分的含量。所以，与化学分析法比较有如下特点：

(1) 灵敏度高 吸光光度法主要用于测定试样中微量或痕量组分的含量，测定物质浓度的下限可达到 $10^{-5} \sim 10^{-6} \, mol/L$。

(2) 准确度较高 一般吸光光度法测定的相对误差在 $2\% \sim 5\%$，准确度虽比化学分析法低，但对微量组分的测定已完全符合要求。

(3) 操作简便快捷 吸光光度法所用设备不复杂，操作简便，测定方便、快捷。

(4) 应用范围广 几乎所有的无机物质和大多数有机物质都能直接或间接地用吸光光度法测定。

一、吸光光度法基本原理

1. 溶液对光的选择性吸收

许多溶液在阳光下呈现不同的颜色，实验证明，溶液的显色，是由于对光的选择性吸收作用造成的。

吸光光度法
基本原理

光是一种电磁波，具有波动性和粒子性，当某种物质受到光的照射时，光的能量就会传递到物质的分子上，这就是物质对光的吸收作用。不同的物质因其结构不同，对不同波长光的吸收也会不同。

不同波长的可见光呈现不同的颜色，人的眼睛能看见的光称为可见光，其波长范围在 $400 \sim 760nm$。

可见光区的白光是由不同颜色的光按一定强度比例混合而成。如果让一束白光通过一个特制的三棱镜，由于折射作用分解为红、橙、黄、绿、青、蓝、紫七种颜色的光，这种现象称为光的色散。每种颜色的光都具有一定的波长范围，称为单色光。从红色到紫色的七色光中的每种单色光并非真正意义上的单色光，它们都有一定宽度的频率（或波长）范围。氦氖激光器辐射的光波单色性最好，波长为 632.8nm。多种单色光混合而成的光称为复合光。事实上我们能看见的光大多数是复合光。太阳光、白炽灯光等等都是复合光。复合光透过三棱镜都会发生色散。

不仅七种颜色的光可以混合成白光，两种适当颜色的单色光按一定强度比例混合也可得到白光，这两种单色光称为互补色光。可见光中各颜色光的波长及其互补色光见表 9-1。

表 9-1　不同颜色的可见光波长及其互补色光

光的颜色	λ/nm	互补色
紫色	$400 \sim 450$	黄绿色
蓝色	$450 \sim 480$	黄色

光的颜色	λ/nm	互补色
绿蓝色	480～490	橙色
蓝绿色	490～500	红色
绿色	500～560	红紫色
黄绿色	560～580	紫色
黄色	580～610	蓝色
橙色	610～650	绿蓝色
红色	650～760	蓝绿色

不同的物质，具有不同的组成和结构，其内部特征能量也不同，物质只能吸收与内部能量相当的光辐射。用白光照射物质时，不同波长的光发生吸收、透过、反射、折射的程度不同，因此，物质呈现出不同的颜色。物质之所以呈现不同的颜色，根本原因是分子结构中的电子能够对可见光发生选择性吸收，且物质能够反射和透射某些波长的光。当一束白光通过某透明溶液时，如果该溶液对可见光区各波长的光都不吸收，即入射光全部通过溶液，这时看到的溶液是无色透明的。当该溶液对可见光区各波长的光全部吸收时，此时看到的溶液呈黑色。若溶液选择性地吸收了可见光区某段波长的光，则呈现出被吸收光的互补色光的颜色。例如，$KMnO_4$ 溶液因吸收了白光中的黄绿色光呈现紫色，$CuSO_4$ 溶液因吸收了白光中的黄色而呈现蓝色。

溶液对不同波长光的吸收程度，通常用光吸收曲线（又称为吸收光谱曲线）来描述。它是利用分光光度计将不同波长的单色光依次通过一定浓度的溶液并测定每一波长处的吸光度，然后以入射光的波长（λ）为横坐标，以相应的吸光度（A）为纵坐标绘制而成的曲线，它描述了物质对光的吸收情况。图 9-1 是四种不同浓度的 $KMnO_4$ 溶液的光吸收曲线。曲线上吸光度最大处所对应的波长称为最大吸收波长，用 λ_{max} 表示。在可见光区域内，溶液的颜色主要由 λ_{max} 的数值所决定。在进行吸光度测定时，通常都是选取 λ_{max} 来测量，因为这时可得到最大的测量灵敏度。

不同物质的光吸收曲线，形状和最大吸收波长都各不相同。因此，光吸收曲线可作为物质定性分析的依据。从图 9-1 看出，$KMnO_4$ 溶液的 λ_{max} 为 525nm，说明 $KMnO_4$ 溶液对波长 525nm 附近绿色光的吸收最多，对紫色和红色光的吸收很少，故 $KMnO_4$ 溶液

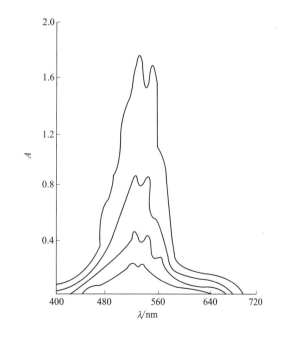

图 9-1　$KMnO_4$ 溶液光吸收曲线

呈紫色。不同浓度的 $KMnO_4$ 溶液，光吸收曲线的形状相似，所不同的是吸收峰的高度随浓度的增大而增大，但最大吸收波长不变。

光吸收曲线是吸光光度法中选择入射光波长的主要依据。在进行吸光度测定时，通常都是选择在 λ_{max} 处来测量，因为这时测定的灵敏度最大。

2. 朗伯-比尔定律

当一束平行的单色光垂直通过任何均匀、无散射现象的溶液体系时，若入射光强度为 I_0，吸收光强度为 I_a，透射光强度为 I_t，则三者之间的关系为：

$$I_0 = I_a + I_t$$

透射光强度 I_t 与入射光强度 I_0 的比值称作透光率或透光度，用 T 表示，即：

$$T = \frac{I_t}{I_0} \times 100\%$$

从上式可以看出，溶液的透光率越大，吸光度越小，溶液对光的吸收越少；透光率越小，吸光度越大，对光的吸收越多。透光率的倒数反映了物质对光的吸收程度。实际应用时，对透光率的倒数取对数，称为吸光度 A。吸光度与透光率之间的关系为：

$$A = \lg \frac{I_t}{I_0} = \lg \frac{1}{T} = -\lg T$$

实践证明，如果保持入射光线强度不变，有色溶液对光的吸收程度与该溶液的浓度、液层的厚度有关。

$$A = Kbc$$

这就是朗伯-比尔定律的数学表达式，它表示：一束平行的单色光，通过均匀非散射的溶液时，在入射光的波长、强度及溶液的温度等条件不变的情况下，溶液吸光度 A 与溶液浓度 c 及液层厚度 b(cm) 的乘积成正比。物质对光吸收的定量关系服从朗伯-比尔定律。朗伯-比尔定律是光吸收的基本定律，是吸光光度法进行定量分析的理论基础。

K 为吸光系数，是物质的特性常数，表明物质对某一特定波长光的吸收能力。不同物质对同一波长单色光的 K 不同，K 越大，表明该物质的吸光能力越强，灵敏度越高。吸光系数 K 因浓度单位不同，有不同的表达方式。当浓度 c 以 g/L 为单位时，K 用 a 表示，称为质量吸光系数，单位为 L/(g·cm)；当 c 以 mol/L 为单位时，用 ε 表示，称为摩尔吸光系数，单位是 L/(mol·cm)。

朗伯-比尔定律是建立在介质均匀、非散射基础上的一般规律。如果介质不均匀，呈胶体、乳浊、悬浮状态存在，则入射光除了被吸收之外，还会有反射、散射作用。在这种情况下，物质的吸光度会偏高很多，导致对朗伯-比尔定律的偏离。

应用朗伯-比尔定律时，应注意溶液的浓度。在高浓度（通常 $c > 0.01mol/L$）时，吸光粒子间的相互作用，改变了它们对光的吸收能力，导致吸光度 A 与浓度 c 之间的线性关系发生了偏离，使标准曲线上部发生弯曲。当 $c \leqslant 0.01mol/L$ 时，微粒间的相互作用可忽略不计，所以一般认为朗伯-比尔定律仅适用于稀溶液。

3. 吸光光度法的应用

吸光光度法借助分光光度计测定溶液的吸光度，根据朗伯-比尔定律确定物质溶液的浓度。即通过调节单色器，连续改变单色光的波长（λ），以测量有色溶液对不同波长光线的吸光度（A），从而绘制被测物质的光吸收曲线；从光吸收曲线上可以查出该有色物质的最大吸收波长（λ_{max}）；然后以 λ_{max} 作为入射光的波长，测定出有色溶液的吸光度，再通过标准曲线法或比较法，求出待测溶液的浓度。常用的有以下两种方法：

（1）标准曲线法 标准曲线法又称工作曲线法，是可见-紫外分光光度法中最经典的方法。其测量步骤：先配制与被测物质含有相同组分的一系列（一般不少于 5 个）不同浓度的标准溶液，置于相同厚度的吸收池中，以不含被测组分的空白液作为参比溶液，选用最大吸收波长（λ_{max}）的单色光，在分光光度计上分别测定其吸光度（A）；然后以浓度 c 为横坐标，吸光度 A 为纵坐标绘制曲线，该曲线称为标准曲线或工作曲线，如图 9-2 所示。

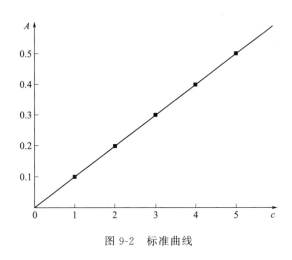

图 9-2 标准曲线

在测定被测物质溶液浓度时，用与绘制曲线时相同的操作方法和测量条件，测定出待测溶液的吸光度 $A_{测}$，再从标准曲线上查出与 $A_{测}$ 对应的浓度 $c_{测}$。目前一般做法是在计算机上画图，得出标准曲线方程，再将待测液吸光度代入方程，求得浓度。

标准曲线法对仪器要求不高，简单易行，适合于大批量样品的分析。在测定条件固定的情况下，标准曲线可以反复使用。

（2）比较法 当溶液对朗伯-比尔定律没有偏离，或者是已知试样中待测组分含量近似值的条件下，可用对比法进行吸光光度法测定。对比法就是只配制一个标准溶液，其中待测组分的浓度与试液尽量接近，将待测溶液和标准溶液在相同的条件下显色，选用最大吸收波长，在相同条件下分别测定其吸光度（A）。根据朗伯-比尔定律：

$$A_{标} = K_1 b c_{标}, \quad A_{测} = K_2 b c_{测}$$

由于待测溶液和标准溶液是同一种物质，入射光波长相同，液层厚度相同，温度一致，故

$$K_1 = K_2$$

则

$$\frac{A_{标}}{A_{测}} = \frac{c_{标}}{c_{测}}, \quad c_{测} = \frac{A_{测}}{A_{标}} c_{标}$$

需要注意，比较法适用于个别样品的测定，运用上述关系式进行计算时，只有 $c_{测}$ 和 $c_{标}$ 非常接近时，结果才是可靠的，否则会产生较大的误差。

目前常用的国产分光光度计，根据使用波长范围不同可分为可见分光光度计（400～780nm，如721型和722型等）和紫外-可见分光光度计（200～1000nm，如751型等）两类。可见分光光度计只能用于测定对可见光有吸收的有色溶液，而紫外-可见分光光度计可以测定在紫外、可见及近红外光区有吸收的物质。分光光度计的工作原理是由光源发出的光，经单色器获得一定波长的单色光，使其通过被测样品溶液，一部分光被溶液吸收，透射出来的光经过检测器，将光的强度转变为电信号，产生光电流，光电流的大小（与透过光的强度成正比）可用灵敏检流计测量并放大后，在读数标尺上读出或直接显示吸光度 A（或透光率 T）。

二、分光光度计

1. 分光光度计的主要组成部件

各种型号的分光光度计基本结构均相似，都由光源、单色器、比色皿、检测器、测量系统五大部件组成，见图9-3。

图 9-3　分光光度计的基本结构示意图

（1）光源　光源是能发射所需波长范围的光的器件，作用是提供符合要求的入射光。紫外-可见分光光度计的理想光源，应能在整个紫外可见波长范围内连续辐射，发光强度要足够大，且随着波长变化能量变化不大。可见光源常用钨丝灯（或碘钨灯），可提供320～2500nm 的连续光谱；紫外光源常用氢灯（或氘灯），波长范围为 200～350nm。

（2）单色器　单色器是一种能从光源辐射谱线中分离出一定波长范围谱线的部件，分光光度计中使用的波长选择器，主要有滤光片、棱镜和光栅三种。

（3）比色皿　比色皿是盛放待测溶液的器皿，也称吸收池，由无色透明的光学玻璃或石英制成。玻璃比色皿只适用于可见光区；石英比色皿可用于紫外光区及可见光区。合格的比色皿应具有两个相互平行、透光的平面且有精确相等厚度。但实际上，由于材质对光并非完全透明以及制作工艺等原因，其厚度常有一定误差，所以需要较精确的光度测量时，需对比色皿作配套性试验。也有全程只用同一个比色皿来减少比色皿间差异的做法。

（4）检测器　检测器是能将光信号转换为电信号的器件。光电倍增管是目前应用最广的检测器。它利用多次电子发射来放大电流，放大倍数可达 10^8，但价格较贵。

（5）测量系统　测量系统指将电信号放大并转换为用透射率或吸光度显示的部件。

2. 测量条件的选择

（1）入射光波长的选择　使用分光光度计时，选择合适的入射光波长，测定结果准确度较高。其选择的原则是吸收最大、干扰最小。若无干扰，应选择被测组分最大吸收波长（λ_{max}）作为入射光波长；当干扰成分存在时，则需要选用吸收较小、峰形稍平坦的次强吸收峰或肩峰对应的波长作为入射光波长。

（2）吸光度范围的选择 分光光度法中，透光率测量误差，也称为光度误差，它是仪器的主要误差。通过控制溶液的浓度或选择不同厚度的比色皿，将吸光度读数控制在适当的范围内，可以减小光度误差。一般情况下，被测溶液和标准溶液的吸光度在 $0.2\sim0.7$ 范围内，仪器的测量误差最小，测定结果准确度较高。

（3）参比溶液的选择 参比溶液也称空白溶液，用来调节仪器的零点（$A = 0.000$ 或 $T = 100\%$）。它作为测量的相对标准，消除溶液中其他成分、试剂对光的吸收或反射和吸收池带来的误差，并扣除显色之后其他有色物质的干扰。因此，合理选择参比溶液对提高分析结果的准确度至关重要。常用的参比溶液见表 9-2。

表 9-2　常用的参比溶液

参比溶液类型	配制方法	可消除影响
纯化水	纯化水	吸收池＋杂散光
溶剂参比	溶剂	吸收池＋杂散光＋溶剂
试剂参比	不加试样,其他均加	吸收池＋杂散光＋显色剂
试液参比	不加显色剂,其他均加	吸收池＋杂散光＋干扰离子
试样参比	掩蔽试液中的被测物质,其他均加	吸收池＋杂散光＋显色剂＋干扰离子

三、显色反应及其影响因素

1.显色反应和显色剂

用可见分光光度法进行定量分析时，要求待测物质必须是有色溶液。而许多物质本身没有颜色或颜色很浅，就需要给待测物质中加入适当的试剂，使其转变为有色物质。将待测组分转变成有色化合物的反应叫显色反应，与待测组分形成有色化合物的试剂称为显色剂。

吸光光度法中的显色反应，主要有氧化还原反应和配位反应两大类，以配位反应应用最普遍。最常用的显色剂是有机配位剂。对于显色反应，一般应满足下列要求：

（1）灵敏度高 吸光光度法通常用于测量微量组分，所以灵敏度高的显色反应更为有利。灵敏度的高低，可从摩尔吸光系数（ε）的高低来判断。ε 越大，灵敏度越高。但对于高含量的组分测定则不一定要选择灵敏度高的显色反应。

（2）选择性好 一种显色剂最好只和一种被测组分发生显色反应，以减少干扰，或产生的干扰离子容易被消除，再或者产生的干扰离子与生成的有色化合物的最大吸收波长（λ_{max}）相隔较远。

（3）生成的有色化合物性质稳定 生成的有色化合物不易受外界环境的影响，如在日光照射条件下不发生变化，不与空气中的 O_2 和 CO_2 反应等。

（4）有色化合物与显色剂之间色差要大 这样显色时变化鲜明，试剂空白吸光度一般较小，可提高测定的准确度。一般要求有色化合物与显色剂的最大吸收波长之差在 60nm 以上。

2．影响显色反应的因素

（1）显色剂的用量 吸光光度分析中，为使显色反应尽量反应完全，加入的显色剂常常需要过量。但过量太多的显色剂容易引起副反应，影响测定结果。同时，不少显色剂本身具有颜色，过量太多会使空白吸光度增高。

所以，显色剂的适宜用量，要通过实验来确定，实验方法是在几个相同组分中加入不同量的显色剂，分别测定其吸光度，绘制吸光度与显色剂用量的关系曲线（见图9-4）。在曲线的平坦处选取一个适当的显色剂用量（稍稍过量）。

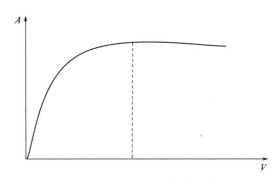

图 9-4　吸光度与显色剂用量的关系曲线

（2）溶液的酸度 溶液的酸度对显色反应的影响很大，这是由于它可以直接影响金属离子和显色剂的存在形式以及所形成的有色化合物的组成和稳定性。溶液酸度的影响主要体现在以下几个方面：

① 对显色剂本身颜色的影响　不少有机显色剂在不同的酸度下，颜色不同，有的颜色可能干扰到有色化合物的测定。例如，偶氮胂Ⅲ，在 pH<3 时，呈玫瑰红色；在 $4 \leqslant pH \leqslant 7$ 时，呈紫色；在 pH>7 时，呈蓝色。

② 对显色剂浓度的影响　由于不少有机显色剂为弱酸，因而溶液中的酸度影响其解离度，即其浓度，进而影响显色反应的反应程度。

③对金属离子价态的影响　很多高价态金属离子容易水解，在酸度较小的情况下，能形成碱式盐或氢氧化物沉淀，影响测定。

④对配合物组成的影响　对于一些逐级生成配合物的显色反应，酸度不同，配合物的配合比不同，其颜色也不同。例如，磺基水杨酸与 Fe^{3+} 的显色反应，在不同的酸度条件下，可生成1∶1、1∶2和1∶3共3种颜色的配合物。在这种情况下，必须控制适宜的酸度，才能获得较好的分析结果。

选择显色反应适宜的酸度范围，可通过绘制酸度曲线来确定。其方法如下：待测组分及显色剂浓度不变，通过改变溶液的 pH 值，绘制吸光度与 pH 值的关系曲线（见图9-5），选择曲线平坦部分对应的 pH 值范围作为最佳酸度范围。

（3）显色温度 显色反应一般在室温下进行，但也有的反应需要加热至一定温度才能进行。在温度较高时，有色物质易于分解。为此，不同显色反应需要通过实验找出适宜的温度。

（4）显色时间 大多数显色反应需要经过一定的时间才能反应完全，其时间的长短

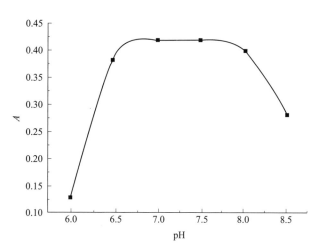

图 9-5 吸光度与 pH 值的关系曲线

又与温度有关。例如，硅钼蓝法测硅，在室温下需要 10min 以上，而在沸水浴中只需 30s。有的有色物质生成后，性质相当稳定，这类物质的测定时间比较宽松；而有的有色物质生成后，久置可能发生变化，就需要在显色后尽快测定完毕。

（5）溶剂的影响　有机溶剂能降低有色化合物的解离度，从而提高显色反应的灵敏度。同时有机溶剂还能提高显色反应的速率，以及影响有色化合物的溶解度和组成。如用氯代磺酚 S 测定 Nb，在水溶液中显色需要几个小时，加入丙酮后只需 30min。

（6）干扰物质的影响及消除　在比色分析中，样品中共存的干扰物质的影响主要有两种情况：一是干扰物质本身有颜色，二是干扰物质与显色剂反应生成了有色化合物，这些情况都会干扰比色分析。消除干扰物质的常用方法有：

① 控制溶液的酸度　可以利用控制酸度的方法来提高反应的选择性。例如，用磺基水杨酸作显色剂测定 Fe 时，Cu^{2+} 对测定有干扰，可以调节溶液的 $pH=2.5$，就能够消除其干扰。

② 加入适当的掩蔽剂　例如，用磷钼蓝分光光度法测定 PO_4^{3-} 时，大量 Fe^{3+} 对测定有影响，可加入 NaF 作掩蔽剂，将 Fe^{3+} 转化为 FeF_6^{3-}，从而消除 Fe^{3+} 的干扰。

③ 选择合适的参比溶液来消除干扰离子的影响。

④ 采用有机溶剂萃取、离子交换和蒸馏挥发等分离的方法消除干扰离子。

 练习题

一、选择题

1. 硫酸铜溶液显蓝色是因为它吸收了白光中的 （　　　）。

A. 蓝色光　　　　　B. 绿色光　　　　　C. 黄色光　　　　　D. 紫色光

2. 可见光波长范围在 （　　　）。

A. 200～760nm　　B. 400～760nm　　C. 300～760nm　　D. 760～40000nm

3. 吸光光度法属于 （　　　）。

A. 滴定分析法　　　　B. 重量分析法　　　　C. 仪器分析法　　　　D. 化学分析法

4. 可见分光光度计的光源是（　　）。

A. 灯　　　　　　　B. 钨丝灯　　　　　　C. 气灯　　　　　　D. 自然光

5. 在符合朗伯-比尔定律的范围内，溶液的浓度、最大吸收波长、吸光度三者的关系正确的是（　　）。

A. 增加、增加、增加　　　　　　　　　B. 减小、增加、减小

C. 减小、不变、减小　　　　　　　　　D. 增加、不变、减小

6. 某物质的吸光系数与（　　）无关。

A. 待测物质结构　　B. 测定波长　　　　C. 仪器型号　　　　D. 测定温度

7. 取布洛芬加氢氧化钠溶液（0.1mol/L）配成 0.25mg/mL 的溶液，采用分光光度法在 273nm 的波长处测定吸光度为 0.780。求布洛芬在该波长处的质量吸收系数为（　　）。

A. 3.12　　　　　　B. 31.2　　　　　　C. 312　　　　　　D. 3120

8. 高锰酸钾溶液呈现出紫色的原因是（　　）。

A. 高锰酸钾溶液本身是紫色　　　　　　B. 高锰酸钾溶液吸收了紫色光

C. 高锰酸钾溶液不吸收紫色光　　　　　D. 高锰酸钾溶液折射了紫色光

9. 在分光光度法中，选择 λ_{max} 进行测定的原因是（　　）。

A. 与被测溶液的 pH 有关

B. 可随意选择参比溶液

C. 浓度的微小变化能引起吸光度值的较大变化，提高了测定的灵敏度

D. 仪器读数的微小变化不会引起吸光度值的较大变化，提高了测定的精密度

10. 与朗伯-比尔定律的偏离无关的因素是（　　）。

A. 光的反射　　　　B. 光的折射　　　　C. 非单色光　　　　D. 吸收池的规格

11. 吸收池的装液量一般不得少于（　　）。

A. 1/2　　　　　　B. 1/3　　　　　　C. 2/5　　　　　　D. 2/3

12. 紫外-可见分光光度法定量分析时，透过吸收池的入射光是（　　）。

A. 白光　　　　　　B. 单色光　　　　　C. 激光　　　　　　D. 混合光

13. 紫外-可见分光光度法中，用标准曲线法测定溶液浓度时，未知溶液的浓度应该（　　）。

A. 小于最小的标准溶液的浓度　　　　　B. 在最小浓度与最大浓度区间

C. 大于最大的标准溶液的浓度　　　　　D. 不一定

14. 紫外-可见分光光度法中空白溶液的作用是（　　）。

A. 调节仪器透光率的零点　　　　　　　B. 吸收入射光中测定所需要波长的光

C. 调节入射光的强度　　　　　　　　　D. 消除试剂等非测定物质对入射光吸收的影响

15. 用紫外-可见分光光度法测定药物含量时，注意配制溶液吸光度值在（　　）之间为好。

A. 200～400　　　　B. 400～760　　　　C. 0.2～0.7　　　　D. 1～10

16. 紫外-可见分光光度计必需的结构部件中，（　　）的作用是将混合光变成所需单一波长的光。

    A. 光源　　　　　　B. 单色器　　　　　　C. 吸收池　　　　　　D. 检测器

17. 紫外-可见分光光度法中，制作标准曲线时，由（　　）的浓度顺序测量较好。

    A. 低到高　　　　　B. 高到低　　　　　　C. 任意　　　　　　　D. 以上都不对

18. 测量时，将吸收池的（　　）面置于光路上。

    A. 毛面　　　　　　B. 光面　　　　　　　C. 任意　　　　　　　D. 对角

19. 在显色反应中，显色剂的用量应该是（　　）。

    A. 尽量少用　　　　B. 稍稍过量　　　　　C. 过量很多　　　　　D. 没有固定要求

20. 在显色反应中，对于显色时间的描述错误的是（　　）。

    A. 一些反应生成的有色化合物非常稳定，测定时间比较宽松，没有严格规定

    B. 生成的一些有色化合物，久置后可能褪色，所以在显色后需要尽快测定

    C. 显色反应所需的时间，和温度及使用的溶剂有关

    D. 显色反应大多需要一定的反应时间，所以测定时间可以多延迟一些

21. 以下说法正确的是（　　）。

    A. 溶液的透光率与浓度成正比　　　　B. 物质的摩尔吸光系数随波长而变化

    C. 玻璃棱镜适合紫外分光光度计使用　D. 物质的摩尔吸光系数与溶剂无关

22. 在比色法中，显色反应应选择的条件不包括（　　）。

    A. 显色时间　　　　　　　　　　　　B. 入射光波长

    C. 显色的颜色　　　　　　　　　　　D. 显色剂的用量

23. 酸度对显色反应影响很大，这是因为酸度的改变可能影响（　　）。

    A. 反应产物的稳定性　　　　　　　　B. 被显色物质的存在状态

    C. 反应产物的组成　　　　　　　　　D. 显色剂的浓度和颜色

二、计算题

1. 某溶液用厚度为 2cm 的比色皿进行测定时，透光率 $T=60\%$，若改用厚度为 1cm 的比色皿，透光率 T 及吸光度 A 为多少？

2. 0.088mg Fe^{3+} 用硫氰酸盐显色后，在容量瓶中用水稀释到 50mL，用 1cm 比色皿，在波长 480nm 处测得 $A=0.740$。求其吸光系数 K 及摩尔吸光系数 ε。

3. 用磺基水杨酸作为显色剂，测定矿样中铁的含量，加入铁标准溶液及有关试剂后，在 50mL 容量瓶中稀释至刻度，得到表中所列数据：

铁标准溶液质量浓度/($\mu g/mL$)	2.0	4.0	6.0	8.0	10.0	12.0
吸光度 A	0.097	0.200	0.304	0.408	0.510	0.613

称取矿样 0.3866g，分解后定容于 100mL 容量瓶中，吸取 5.0mL 试液，置于 50mL 容量瓶中，在与标准溶液同条件显色后，测得溶液吸光度为 0.250。根据以上数据，绘制吸光度工作曲线，并求出矿样中铁的质量分数。

三、思考题

1. 吸光光度法中对于显色反应有哪几点要求？

2.简述显色反应中干扰离子可能产生的影响及消除干扰的方法。

3.简述在吸光光度法测量中，如何选定适宜的入射光波长。

技能训练

邻二氮菲分光光度法测定铁

邻二氮菲分
光光度法
测定铁

【训练目的】

1.掌握邻二氮菲分光光度法测定铁的原理。

2.会根据需要配制系列标准溶液和待测溶液。

3.会用分光光度计测定溶液的吸光度。

4.会制作标准曲线。

5.会计算待测物质的含量。

【原理】

邻二氮菲（又称邻菲罗啉）是测定微量铁的高灵敏度、高选择性试剂。在 pH 为 2.0～9.0 的溶液中，邻二氮菲与 Fe^{2+} 形成稳定的橙红色配合物，在还原剂存在条件下，颜色可保持几个月不变。铁含量在 $0.1～6\mu g\cdot mL^{-1}$ 范围内遵守朗伯-比尔定律，显色反应如下：

$$Fe^{2+}+3\ \text{（邻二氮菲）} \longrightarrow \left[\left(\text{邻二氮菲}\right)_3 Fe\right]^{2+}$$

Fe^{3+} 与邻二氮菲作用生成蓝色配合物，稳定性较差，显色前需用盐酸羟胺或抗坏血酸将 Fe^{3+} 全部还原为 Fe^{2+}，然后加入邻二氮菲。有关反应如下：

$$2Fe^{3+}+2NH_2OH\cdot HCl = 2Fe^{2+}+N_2\uparrow+2H_2O+4H^++2Cl^-$$

测定时，若酸度过高，反应进行较慢；若酸度太低，则 Fe^{2+} 易发生水解，本实验采用 HAc-NaAc 缓冲溶液（pH≈5）控制溶液的酸度，使显色反应进行完全。

【仪器与试剂】

仪器：分光光度计、容量瓶（50mL）、移液管（10mL）、吸量管（10mL）。

试剂：$100\mu g/mL$ 铁标准储备溶液，$100g/L$ 盐酸羟胺水溶液，$1.5g/L$ 邻二氮菲水溶液（避光保存，溶液颜色变暗时不能使用），$1.0mol/L$ 乙酸钠溶液，$0.1mol/L$ 氢氧化钠溶液。

【操作步骤】

1. 配制溶液

（1）配制 10μg/mL 的铁标准溶液 准确移取 10mL、$100\mu g/mL$ 的铁标准储备液于 100mL 容量瓶中，加入 2mL 6mol/L 的 HCl 溶液，加水稀释到刻度，摇匀。

（2）配制系列标准溶液 在 6 个干净的 50mL 容量瓶中，各加入 10.00μg/mL 铁标准溶液 0.00mL、2.00mL、4.00mL、6.00mL、8.00mL、10.00mL，分别加入 1.0mL 浓度为 100g/L 的盐酸羟胺溶液、2.0mL 浓度为 1.5g/L 的邻二氮菲溶液和 5.0mL HAc-NaAc 缓冲溶液，加蒸馏水稀释至刻度，充分摇匀，静置 5min。

（3）配制未知试样溶液 取 3 个干净的 50mL 容量瓶，分别加入 5.00mL 未知试样溶液，按上述方法显色。

2．上机操作

以试剂空白，也就是铁标准溶液加入体积为 0.00mL 的溶液为参比溶液，在 510nm 处，用 1cm 的比色皿，测定 6 个系列标准溶液的吸光度和 3 个平行未知试样溶液的吸光度。

3．数据处理

以铁的质量浓度为横坐标，吸光度 A 为纵坐标，绘制标准曲线。根据未知试样溶液的吸光度和标准曲线方程，计算其铁的含量。

【注意事项】

1．试剂的加入必须按顺序进行，同组溶液必须在同一台仪器上测量。

2．切勿用手接触比色皿透光面。

3．待测液吸光度必须在标准曲线线性范围内。

4．数据处理时要搞清楚最终待测液的单位和已经稀释倍数。

绘制标准曲线

计算未知试样
的浓度（分光
光度法）

附录 1　弱酸和弱碱在水溶液中的解离常数，25℃

弱电解质	解离常数	弱电解质	解离常数
H_3AsO_4	$K_{a1}=6.32\times10^{-3}$ $K_{a2}=1.05\times10^{-7}$ $K_{a3}=3.17\times10^{-12}$	H_3PO_4	$K_{a1}=7.52\times10^{-3}$ $K_{a2}=6.23\times10^{-8}$ $K_{a3}=2.2\times10^{-13}$
H_3BO_3	$K_{a1}=5.76\times10^{-10}$ $K_{a2}=1.84\times10^{-13}$ $K_{a3}=1.59\times10^{-14}$	H_2S	$K_{a1}=9.1\times10^{-8}$ $K_{a2}=1.1\times10^{-12}$
HBrO	$K_a=2.06\times10^{-9}$	H_2O_2	$K_a=2.4\times10^{-12}$
H_2CO_3	$K_{a1}=4.30\times10^{-7}$ $K_{a2}=5.61\times10^{-11}$	H_2SiO_3	$K_{a1}=1.71\times10^{-10}$ $K_{a2}=1.59\times10^{-12}$
$H_2C_2O_4$	$K_{a1}=5.90\times10^{-2}$ $K_{a2}=6.40\times10^{-5}$	H_3SO_3	$K_{a1}=1.26\times10^{-2}$ $K_{a2}=6.36\times10^{-8}$
HCN	$K_a=4.93\times10^{-10}$	$CH_2ClCOOH$	$K_a=1.4\times10^{-3}$
HClO	$K_a=3.17\times10^{-8}$	$CHCl_2COOH$	$K_a=3.32\times10^{-2}$
H_2CrO_4	$K_{a1}=1.80\times10^{-1}$ $K_{a2}=3.20\times10^{-7}$	$H_2NH_2CCH_2NH_2$	$K_{b1}=8.57\times10^{-5}$ $K_{b2}=7.12\times10^{-8}$
HF	$K_a=3.53\times10^{-4}$	$Al(OH)_3$	$K_{b1}=5.0\times10^{-9}$ $K_{b2}=2.0\times10^{-10}$
HIO_3	$K_a=1.69\times10^{-1}$	$Be(OH)_2$	$K_{b1}=1.78\times10^{-6}$ $K_{b2}=2.5\times10^{-9}$
HIO	$K_a=2.30\times10^{-11}$	$Ca(OH)_2$	$K_b=6.0\times10^{-2}$
HNO_2	$K_a=4.60\times10^{-4}$	$Zn(OH)_2$	$K_b=8.0\times10^{-7}$
HCOOH	$K_a=1.77\times10^{-4}$	$NH_3\cdot H_2O$	$K_b=1.8\times10^{-5}$
CH_3COOH	$K_a=1.76\times10^{-5}$		

附录 2　常用缓冲溶液的配制方法

pH	配制方法
3.6	$NaAc\cdot H_2O$ 8g，溶于适量水中，加 6mol/L HAc 134mL，稀释至 500mL
4.0	$NaAc\cdot 3H_2O$ 20g，溶于适量水中，加 6mol/L HAc 134mL，稀释至 500mL
4.5	$NaAc\cdot 3H_2O$ 32g，溶于适量水中，加 6mol/L HAc 68mL，稀释至 500mL
5.0	$NaAc\cdot 3H_2O$ 50g，溶于适量水中，加 6mol/L HAc 34mL，稀释至 500mL

pH	配制方法
5.7	NaAc・$3H_2O$ 100g,溶于适量水中,加 6mol/L HAc 13mL,稀释至 500mL
7.0	NH_4Ac 77g,用水溶解后,稀释至 500mL
7.5	NH_4Ac 60g,用水溶解后,加 15mol/L 氨水 1.4mL,稀释至 500mL
8.0	NH_4Ac 50g,用水溶解后,加 15mol/L 氨水 3.5mL,稀释至 500mL
8.5	NH_4Ac 40g,用水溶解后,加 15mol/L 氨水 8.8mL,稀释至 500mL
9.0	NH_4Ac 35g,用水溶解后,加 15mol/L 氨水 24mL,稀释至 500mL
9.5	NH_4Ac 30g,溶于适量水中,加 15mol/L 氨水 65mL,稀释至 500mL
10.0	NH_4Ac 27g,用水溶解后,加 15mol/L 氨水 197mL,稀释至 500mL
10.5	NH_4Ac 9g,用水溶解后,加 15mol/L 氨水 175mL,稀释至 500mL
11.0	NH_4Ac 3g,用水溶解后,加 15mol/L 氨水 207mL,稀释至 500mL

附录3　标准电极电势

1 在酸性溶液中(298K)

电极反应	$\varphi^{\ominus}/V$
$Li^+ + e^- \rule[0.5ex]{1.5em}{0.4pt} Li$	−3.045
$K^+ + e^- \rule[0.5ex]{1.5em}{0.4pt} K$	−2.925
$Rb^+ + e^- \rule[0.5ex]{1.5em}{0.4pt} Rb$	−2.925
$Cs^+ + e^- \rule[0.5ex]{1.5em}{0.4pt} Cs$	−2.923
$Ba^{2+} + 2e^- \rule[0.5ex]{1.5em}{0.4pt} Ba$	−2.906
$Sr^{2+} + 2e^- \rule[0.5ex]{1.5em}{0.4pt} Sr$	−2.888
$Ca^{2+} + 2e^- \rule[0.5ex]{1.5em}{0.4pt} Ca$	−2.866
$Na^+ + e^- \rule[0.5ex]{1.5em}{0.4pt} Na$	−2.714
$La^{3+} + 3e^- \rule[0.5ex]{1.5em}{0.4pt} La$	−2.522
$Mg^{2+} + 2e^- \rule[0.5ex]{1.5em}{0.4pt} Mg$	−2.363
$Ce^{3+} + 3e^- \rule[0.5ex]{1.5em}{0.4pt} Ce$	−2.336
$H_2(g) + 2e^- \rule[0.5ex]{1.5em}{0.4pt} 2H^-$	−2.25
$Sc^{3+} + 3e^- \rule[0.5ex]{1.5em}{0.4pt} Sc$	−2.077
$Be^{2+} + 2e^- \rule[0.5ex]{1.5em}{0.4pt} Be$	−1.847
$Ti^{2+} + 2e^- \rule[0.5ex]{1.5em}{0.4pt} Ti$	−1.628
$Al^{3+} + 3e^- \rule[0.5ex]{1.5em}{0.4pt} Al$	−1.622
$Ti^{3+} + 3e^- \rule[0.5ex]{1.5em}{0.4pt} Ti$	−1.21
$Mn^{2+} + 2e^- \rule[0.5ex]{1.5em}{0.4pt} Mn$	−1.180
$Cr^{2+} + 2e^- \rule[0.5ex]{1.5em}{0.4pt} Cr$	−0.913
$H_3BO_3 + 3H^+ + 3e^- \rule[0.5ex]{1.5em}{0.4pt} B + 3H_2O$	−0.870
$Zn^{2+} + 2e^- \rule[0.5ex]{1.5em}{0.4pt} Zn$	−0.7618

续表

1 在酸性溶液中(298K)

$Cr^{3+}+3e^-\!=\!=\!Cr$	-0.744
$TiO_2+4H^++e^-\!=\!=\!Ti^{3+}+2H_2O$	-0.666
$H_3PO_3+3H^++3e^-\!=\!=\!P+3H_2O$	-0.502
$TiO_2+4H^++2e^-\!=\!=\!Ti^{2+}+2H_2O$	-0.502
$H_3PO_3+2H^++2e^-\!=\!=\!H_3PO_2+H_2O$	-0.499
$Fe^{2+}+2e^-\!=\!=\!Fe$	-0.447
$Cr^{3+}+e^-\!=\!=\!Cr^{2+}$	-0.408
$Cd^{2+}+2e^-\!=\!=\!Cd$	-0.403
$Se+2H^++2e^-\!=\!=\!H_2Se(aq)$	-0.399
$PbI_2+2e^-\!=\!=\!Pb+2I^-$	-0.365
$Eu^{3+}+e^-\!=\!=\!Eu^{2+}$	-0.36
$PbSO_4+2e^-\!=\!=\!Pb+SO_4^{2-}$	-0.3588
$In^{3+}+3e^-\!=\!=\!In$	-0.3382
$Tl^++e^-\!=\!=\!Tl$	-0.336
$Co^{2+}+2e^-\!=\!=\!Co$	-0.28
$H_3PO_4+2H^++2e^-\!=\!=\!H_3PO_3+H_2O$	-0.276
$PbCl_2+2e^-\!=\!=\!Pb+2Cl^-$	-0.2675
$Ni^{2+}+2e^-\!=\!=\!Ni$	-0.257
$V^{3+}+e^-\!=\!=\!V^{2+}$	-0.255
$H_2GeO_3+4H^++4e^-\!=\!=\!Ge+3H_2O$	-0.182
$AgI+e^-\!=\!=\!Ag+I^-$	-0.15224
$Sn^{2+}+2e^-\!=\!=\!Sn$	-0.1375
$Pb^{2+}+2e^-\!=\!=\!Pb$	-0.1262
$CO_2(g)+2H^++2e^-\!=\!=\!CO+H_2O$	-0.12
$P(白磷)+3H^++3e^-\!=\!=\!PH_3(g)$	-0.063
$Hg_2I_2+2e^-\!=\!=\!2Hg+2I^-$	-0.0405
$Fe^{3+}+3e^-\!=\!=\!Fe$	-0.037
$2H^++2e^-\!=\!=\!H_2$	0.0000
$AgBr+e^-\!=\!=\!Ag+Br^-$	0.071
$S_4O_6^{2-}+2e^-\!=\!=\!2S_2O_3^{2-}$	0.08
$TiO^{2+}+2H^++e^-\!=\!=\!Ti^{3+}+H_2O$	0.1
$S+2H^++2e^-\!=\!=\!H_2S(aq)$	0.142
$Sn^{4+}+2e^-\!=\!=\!Sn^{2+}$	0.151
$Sb_2O_3+6H^++6e^-\!=\!=\!2Sb+3H_2O$	0.152
$Cu^{2+}+e^-\!=\!=\!Cu^+$	0.153
$BiOCl+2H^++3e^-\!=\!=\!Bi+Cl^-+H_2O$	0.160

1 在酸性溶液中(298K)

$SO_4^{2-}+4H^++2e^-\Longrightarrow H_2SO_3+H_2O$	0.172
$SbO^++2H^++3e^-\Longrightarrow Sb+H_2O$	0.212
$AgCl+e^-\Longrightarrow Ag+Cl^-$	0.222
$HAsO_2+3H^++3e^-\Longrightarrow As+2H_2O$	0.248
$Hg_2Cl_2+2e^-\Longrightarrow 2Hg+2Cl^-$（饱和 KCl 溶液中）	0.268
$BiO^++2H^++3e^-\Longrightarrow Bi+H_2O$	0.320
$UO_2^{2+}+4H^++2e^-\Longrightarrow U^{4+}+2H_2O$	0.327
$2HCNO+2H^++2e^-\Longrightarrow (CN)_2+2H_2O$	0.330
$VO^{2+}+2H^++e^-\Longrightarrow V^{3+}+H_2O$	0.337
$Cu^{2+}+2e^-\Longrightarrow Cu$	0.337
$ReO_4^-+8H^++7e^-\Longrightarrow Re+4H_2O$	0.368
$Ag_2CrO_4+2e^-\Longrightarrow 2Ag+CrO_4^{2-}$	0.447
$H_2SO_3+4H^++4e^-\Longrightarrow S+3H_2O$	0.449
$Cu^++e^-\Longrightarrow Cu$	0.521
$I_2+2e^-\Longrightarrow 2I^-$	0.536
$I_3^-+2e^-\Longrightarrow 3I^-$	0.536
$H_3AsO_4+2H^++2e^-\Longrightarrow HAsO_2+2H_2O$	0.560
$Sb_2O_5+6H^++4e^-\Longrightarrow 2SbO^++3H_2O$	0.581
$TeO_2+4H^++4e^-\Longrightarrow Te+2H_2O$	0.593
$UO_2^++4H^++e^-\Longrightarrow U^{4+}+2H_2O$	0.612
$2HgCl_2+2e^-\Longrightarrow Hg_2Cl_2+2Cl^-$	0.63
$PtCl_6^{2-}+2e^-\Longrightarrow PtCl_4^{2-}+2Cl^-$	0.68
$O_2+2H^++2e^-\Longrightarrow H_2O_2$	0.695
$PtCl_4^{2-}+2e^-\Longrightarrow Pt+4Cl^-$	0.755
$H_2SeO_3+4H^++4e^-\Longrightarrow Se+3H_2O$	0.74
$Fe^{3+}+e^-\Longrightarrow Fe^{2+}$	0.771
$Hg_2^{2+}+2e^-\Longrightarrow 2Hg$	0.788
$Ag^++e^-\Longrightarrow Ag$	0.799
$OsO_4+8H^++8e^-\Longrightarrow Os+4H_2O$	0.8
$2NO_3^-+4H^++2e^-\Longrightarrow N_2O_4+2H_2O$	0.803
$Hg^{2+}+2e^-\Longrightarrow Hg$	0.851
$SiO_2+4H^++4e^-\Longrightarrow Si+2H_2O$	0.857
$Cu^{2+}+I^-+e^-\Longrightarrow CuI$	0.86
$2HNO_2+4H^++4e^-\Longrightarrow H_2N_2O_2+2H_2O$	0.86
$2Hg^{2+}+2e^-\Longrightarrow Hg_2^{2+}$	0.920
$NO_3^-+3H^++2e^-\Longrightarrow HNO_2+H_2O$	0.934

续表

1 在酸性溶液中（298K）

反应	电位
$Pd^{2+}+2e^-{=\!=}Pd$	0.951
$NO_3^-+4H^++3e^-{=\!=}NO+2H_2O$	0.957
$HNO_2+H^++e^-{=\!=}NO+H_2O$	0.983
$HIO+H^++2e^-{=\!=}I^-+H_2O$	0.987
$VO_2^++2H^++e^-{=\!=}VO^{2+}+H_2O$	0.991
$V(OH)_4^++2H^++e^-{=\!=}VO^{2+}+3H_2O$	1.00
$AuCl_4^-+3e^-{=\!=}Au+4Cl^-$	1.002
$H_6TeO_6+2H^++2e^-{=\!=}TeO_2+4H_2O$	1.02
$N_2O_4+4H^++4e^-{=\!=}2NO+2H_2O$	1.035
$N_2O_4+2H^++2e^-{=\!=}2HNO_2$	1.065
$IO_3^-+6H^++6e^-{=\!=}I^-+3H_2O$	1.085
$Br_2(aq)+2e^-{=\!=}2Br^-$	1.087
$SeO_4^{2-}+4H^++2e^-{=\!=}H_2SeO_3+H_2O$	1.151
$ClO_3^-+2H^++e^-{=\!=}ClO_2+H_2O$	1.152
$Pt^{2+}+2e^-{=\!=}Pt$	1.18
$ClO_4^-+2H^++2e^-{=\!=}ClO_3^-+H_2O$	1.189
$2IO_3^-+12H^++10e^-{=\!=}I_2+6H_2O$	1.195
$ClO_3^-+3H^++2e^-{=\!=}HClO_2+H_2O$	1.214
$MnO_2+4H^++2e^-{=\!=}Mn^{2+}+2H_2O$	1.224
$O_2+4H^++4e^-{=\!=}2H_2O$	1.229
$Tl^{3+}+2e^-{=\!=}Tl^+$	1.252
$ClO_2+H^++e^-{=\!=}HClO_2$	1.277
$2HNO_2+4H^++4e^-{=\!=}N_2O+3H_2O$	1.297
$Cr_2O_7^{2-}+14H^++6e^-{=\!=}2Cr^{3+}+7H_2O$	1.33
$HBrO+H^++2e^-{=\!=}Br^-+H_2O$	1.331
$HCrO_4^-+7H^++3e^-{=\!=}Cr^{3+}+4H_2O$	1.350
$Cl_2(g)+2e^-{=\!=}2Cl^-$	1.358
$ClO_4^-+8H^++8e^-{=\!=}Cl^-+4H_2O$	1.389
$ClO_4^-+8H^++7e^-{=\!=}1/2Cl_2+4H_2O$	1.39
$Au^{3+}+2e^-{=\!=}Au^+$	1.401
$BrO_3^-+6H^++6e^-{=\!=}Br^-+3H_2O$	1.423
$2HIO+2H^++2e^-{=\!=}I_2+2H_2O$	1.439
$ClO_3^-+6H^++6e^-{=\!=}Cl^-+3H_2O$	1.451
$PbO_2+4H^++2e^-{=\!=}Pb^{2+}+2H_2O$	1.455
$ClO_3^-+6H^++5e^-{=\!=}1/2Cl_2+3H_2O$	1.47
$HClO+H^++2e^-{=\!=}Cl^-+H_2O$	1.482

1 在酸性溶液中(298K)

$BrO_3^- + 6H^+ + 5e^- = 1/2Br_2 + 3H_2O$	1.482
$Au^{3+} + 3e^- = Au$	1.498
$MnO_4^- + 8H^+ + 5e^- = Mn^{2+} + 4H_2O$	1.507
$Mn^{3+} + e^- = Mn^{2+}$	1.51
$HClO_2 + 3H^+ + 4e^- = Cl^- + 2H_2O$	1.570
$HBrO + H^+ + e^- = 1/2Br_2(aq) + H_2O$	1.574
$2NO + 2H^+ + 2e^- = N_2O + H_2O$	1.591
$H_5IO_6 + H^+ + 2e^- = IO_3^- + 3H_2O$	1.601
$HClO + H^+ + e^- = 1/2Cl_2 + H_2O$	1.611
$HClO_2 + 2H^+ + 2e^- = HClO + H_2O$	1.645
$NiO_2 + 4H^+ + 2e^- = Ni^{2+} + 2H_2O$	1.678
$MnO_4^- + 4H^+ + 3e^- = MnO_2 + 2H_2O$	1.679
$PbO_2 + SO_4^{2-} + 4H^+ + 2e^- = PbSO_4 + 2H_2O$	1.682
$Au^+ + e^- = Au$	1.692
$Ce^{4+} + e^- = Ce^{3+}$	1.72
$N_2O + 2H^+ + 2e^- = N_2 + H_2O$	1.766
$H_2O_2 + 2H^+ + 2e^- = 2H_2O$	1.776
$Co^{3+} + e^- = Co^{2+} (2mol \cdot L^{-1} H_2SO_4)$	1.83
$Ag^{2+} + e^- = Ag^+$	1.98
$S_2O_8^{2-} + 2e^- = 2SO_4^{2-}$	2.01
$O_3 + 2H^+ + 2e^- = O_2 + H_2O$	2.07
$MnO_4^{2-} + 4H^+ + 2e^- = MnO_2 + 2H_2O$	2.257
$F_2 + 2H^+ + 2e^- = 2HF$	3.035

2 在碱性溶液中(298K)

$Ca(OH)_2 + 2e^- = Ca + 2OH^-$	-3.02
$Ba(OH)_2 + 2e^- = Ba + 2OH^-$	-2.99
$La(OH)_3 + 3e^- = La + 3OH^-$	-2.90
$Sr(OH)_2 \cdot 8H_2O + 2e^- = Sr + 2OH^- + 8H_2O$	-2.88
$Mg(OH)_2 + 2e^- = Mg + 2OH^-$	-2.69
$Be_2O_3^{2-} + 3H_2O + 4e^- = 2Be + 6OH^-$	-2.63
$HfO(OH)_2 + H_2O + 4e^- = Hf + 4OH^-$	-2.50
$H_2ZrO_3 + H_2O + 4e^- = Zr + 4OH^-$	-2.36
$H_2AlO_3^- + H_2O + 3e^- = Al + 4OH^-$	-2.33
$H_2PO_2^- + e^- = P + 2OH^-$	-1.82
$H_2BO_3^- + H_2O + 3e^- = B + 4OH^-$	-1.79
$HPO_3^{2-} + 2H_2O + 3e^- = P + 5OH^-$	-1.71
$SiO_3^{2-} + 3H_2O + 4e^- = Si + 6OH^-$	-1.697
$HPO_3^{2-} + 2H_2O + 2e^- = H_2PO_2^- + 3OH^-$	-1.65

2 在碱性溶液中(298K)

$Mn(OH)_2 + 2e^- \Longrightarrow Mn + 2OH^-$	-1.56
$Cr(OH)_3 + 3e^- \Longrightarrow Cr + 3OH^-$	-1.48
$Zn(CN)_4^{2-} + 2e^- \Longrightarrow Zn + 4CN^-$	-1.26
$Zn(OH)_2 + 2e^- \Longrightarrow Zn + 2OH^-$	-1.249
$H_2GaO_3^- + H_2O + 2e^- \Longrightarrow Ga + 4OH^-$	-1.219
$ZnO_2^{2-} + 2H_2O + 2e^- \Longrightarrow Zn + 4OH^-$	-1.215
$CrO_2^- + 2H_2O + 3e^- \Longrightarrow Cr + 4OH^-$	-1.2
$Te + 2e^- \Longrightarrow Te^{2-}$	-1.143
$PO_4^{3-} + 2H_2O + 2e^- \Longrightarrow HPO_3^{2-} + 3OH^-$	-1.05
$Zn(NH_3)_4^{2+} + 2e^- \Longrightarrow Zn + 4NH_3$	-1.04
$WO_4^{2-} + 4H_2O + 6e^- \Longrightarrow W + 8OH^-$	-1.01
$HGeO_3^- + 2H_2O + 4e^- \Longrightarrow Ge + 5OH^-$	-1.0
$Sn(OH)_6^{2-} + 2e^- \Longrightarrow HSnO_2^- + H_2O + 3OH^-$	-0.93
$SO_4^{2-} + H_2O + 2e^- \Longrightarrow SO_3^{2-} + 2OH^-$	-0.93
$Se + 2e^- \Longrightarrow Se^{2-}$	-0.924
$HSnO_2^- + H_2O + 2e^- \Longrightarrow Sn + 3OH^-$	-0.909
$P + 3H_2O + 3e^- \Longrightarrow PH_3(g) + 3OH^-$	-0.87
$2NO_3^- + 2H_2O + 2e^- \Longrightarrow N_2O_4 + 4OH^-$	-0.85
$2H_2O + 2e^- \Longrightarrow H_2 + 2OH^-$	-0.828
$Co(OH)_2 + 2e^- \Longrightarrow Co + 2OH^-$	-0.73
$Ni(OH)_2 + 2e^- \Longrightarrow Ni + 2OH^-$	-0.72
$AsO_4^{3-} + 2H_2O + 2e^- \Longrightarrow AsO_2^- + 4OH^-$	-0.71
$Ag_2S + 2e^- \Longrightarrow 2Ag + S^{2-}$	-0.691
$AsO_2^- + 2H_2O + 3e^- \Longrightarrow As + 4OH^-$	-0.68
$SbO_2^- + 2H_2O + 3e^- \Longrightarrow Sb + 4OH^-$	-0.66
$ReO_4^- + 2H_2O + 3e^- \Longrightarrow ReO_2 + 4OH^-$	-0.59
$SbO_3^- + H_2O + 2e^- \Longrightarrow SbO_2^- + 2OH^-$	-0.59
$ReO_4^- + 4H_2O + 7e^- \Longrightarrow Re + 8OH^-$	-0.584
$2SO_3^{2-} + 3H_2O + 4e^- \Longrightarrow S_2O_3^{2-} + 6OH^-$	-0.58
$TeO_3^{2-} + 3H_2O + 4e^- \Longrightarrow Te + 6OH^-$	-0.57
$Fe(OH)_3 + e^- \Longrightarrow Fe(OH)_2 + OH^-$	-0.56
$S + 2e^- \Longrightarrow S^{2-}$	-0.48
$Bi_2O_3 + 3H_2O + 6e^- \Longrightarrow 2Bi + 6OH^-$	-0.46
$NO_2^- + H_2O + e^- \Longrightarrow NO + 2OH^-$	-0.46
$Co(NH_3)_6^{2+} + 2e^- \Longrightarrow Co + 6NH_3$	-0.422
$SeO_3^{2-} + 3H_2O + 4e^- \Longrightarrow Se + 6OH^-$	-0.366
$Cu_2O + H_2O + 2e^- \Longrightarrow 2Cu + 2OH^-$	-0.360
$TlOH + e^- \Longrightarrow Tl + OH^-$	-0.34

2 在碱性溶液中(298K)

$Ag(CN)_2^- + e^- \Longrightarrow Ag + 2CN^-$	-0.31
$Cu(OH)_2 + 2e^- \Longrightarrow Cu + 2OH^-$	-0.222
$CrO_4^{2-} + 4H_2O + 3e^- \Longrightarrow Cr(OH)_3 + 5OH^-$	-0.13
$Cu(NH_3)_2^+ + e^- \Longrightarrow Cu + 2NH_3$	-0.12
$O_2 + H_2O + 2e^- \Longrightarrow HO_2^- + OH^-$	-0.076
$AgCN + e^- \Longrightarrow Ag + CN^-$	-0.017
$NO_3^- + H_2O + 2e^- \Longrightarrow NO_2^- + 2OH^-$	0.01
$SeO_4^{2-} + H_2O + 2e^- \Longrightarrow SeO_3^{2-} + 2OH^-$	0.05
$Pd(OH)_2 + 2e^- \Longrightarrow Pd + 2OH^-$	0.07
$S_4O_6^{2-} + 2e^- \Longrightarrow 2S_2O_3^{2-}$	0.08
$HgO + H_2O + 2e^- \Longrightarrow Hg + 2OH^-$	0.0977
$Co(NH_3)_6^{3+} + e^- \Longrightarrow Co(NH_3)_6^{2+}$	0.108
$Pt(OH)_2 + 2e^- \Longrightarrow Pt + 2OH^-$	0.14
$Co(OH)_3 + e^- \Longrightarrow Co(OH)_2 + OH^-$	0.17
$PbO_2 + H_2O + 2e^- \Longrightarrow PbO + 2OH^-$	0.247
$IO_3^- + 3H_2O + 6e^- \Longrightarrow I^- + 6OH^-$	0.26
$ClO_3^- + H_2O + 2e^- \Longrightarrow ClO_2^- + 2OH^-$	0.33
$Ag_2O + H_2O + 2e^- \Longrightarrow 2Ag + 2OH^-$	0.342
$Fe(CN)_6^{3-} + e^- \Longrightarrow Fe(CN)_6^{4-}$	0.358
$ClO_4^- + H_2O + 2e^- \Longrightarrow ClO_3^- + 2OH^-$	0.36
$Ag(NH_3)_2^+ + e^- \Longrightarrow Ag + 2NH_3$	0.373
$O_2 + 2H_2O + 4e^- \Longrightarrow 4OH^-$	0.401
$IO^- + H_2O + 2e^- \Longrightarrow I^- + 2OH^-$	0.485
$NiO_2 + 2H_2O + 2e^- \Longrightarrow Ni(OH)_2 + 2OH^-$	0.490
$MnO_4^- + e^- \Longrightarrow MnO_4^{2-}$	0.558
$MnO_4^- + 2H_2O + 3e^- \Longrightarrow MnO_2 + 4OH^-$	0.595
$MnO_4^{2-} + 2H_2O + 2e^- \Longrightarrow MnO_2 + 4OH^-$	0.60
$2AgO + H_2O + 2e^- \Longrightarrow Ag_2O + 2OH^-$	0.607
$BrO_3^- + 3H_2O + 6e^- \Longrightarrow Br^- + 6OH^-$	0.61
$ClO_3^- + 3H_2O + 6e^- \Longrightarrow Cl^- + 6OH^-$	0.62
$ClO_2^- + H_2O + 2e^- \Longrightarrow ClO^- + 2OH^-$	0.66
$H_3IO_6^{2-} + 2e^- \Longrightarrow IO_3^- + 3OH^-$	0.7
$ClO_2^- + 2H_2O + 4e^- \Longrightarrow Cl^- + 4OH^-$	0.76
$BrO^- + H_2O + 2e^- \Longrightarrow Br^- + 2OH^-$	0.761
$ClO^- + H_2O + 2e^- \Longrightarrow Cl^- + 2OH^-$	0.841
$ClO_2(g) + e^- \Longrightarrow ClO_2^-$	0.95
$O_3 + H_2O + 2e^- \Longrightarrow O_2 + 2OH^-$	1.24
$F_2 + 2e^- \Longrightarrow 2F^-$	2.866

附录4 元素的原子量

元素		原子序数	原子量	元素		原子序数	原子量
符号	名称			符号	名称		
Ac	锕	89	227.0278	K	钾	19	39.0983(1)
Ag	银	47	107.8632(2)	Kr	氪	36	83.80(1)
Al	铝	13	26.981539(5)	La	镧	57	138.9055(2)
Ar	氩	18	39.948(1)	Li	锂	3	6.941(2)
As	砷	33	74.92159(2)	Lu	镥	71	174.967(1)
Au	金	79	196.96654(3)	Mg	镁	12	24.3050(6)
B	硼	5	10.811(5)	Mn	锰	25	54.93805(1)
Ba	钡	56	137.327(7)	Mo	钼	42	95.94(1)
Be	铍	4	9.012182(3)	N	氮	7	14.00674(7)
Bi	铋	83	208.98037(3)	Na	钠	11	22.989768(6)
Br	溴	35	79.904(1)	Nb	铌	41	92.90638(2)
C	碳	6	12.011(1)	Nd	钕	60	144.24(3)
Ca	钙	20	40.078(4)	Ne	氖	10	20.1797(6)
Cd	镉	48	112.411(8)	Ni	镍	28	58.6934(2)
Ce	铈	58	140.115(4)	Np	镎	93	237.0482
Cl	氯	17	35.4527(9)	O	氧	8	15.9994(3)
Co	钴	27	58.93320(1)	Os	锇	76	190.2(1)
Cr	铬	24	51.9961(6)	P	磷	15	30.973762(4)
Cs	铯	55	132.90543(5)	Pa	镤	91	231.0588(2)
Cu	铜	29	63.546(3)	Pb	铅	82	207.2(1)
Dy	镝	66	162.50(3)	Pd	钯	46	106.42(1)
Er	铒	68	167.26(3)	Pr	镨	59	140.90765(3)
Eu	铕	63	151.965(9)	Pt	铂	78	195.08(3)
F	氟	9	18.9984032(9)	Ra	镭	88	226.0254
Fe	铁	26	55.847(3)	Rb	铷	37	85.4678(3)
Ga	镓	31	69.723(1)	Re	铼	75	186.207(1)
Gd	钆	64	157.25(3)	Rh	铑	45	102.90550(3)
Ge	锗	32	72.61(2)	Ru	钌	44	101.07(2)
H	氢	1	1.00794(7)	S	硫	16	32.066(6)
He	氦	2	4.002602(2)	Sb	锑	51	121.757(3)
Hf	铪	72	178.49(2)	Sc	钪	21	44.955910(9)
Hg	汞	80	200.59(2)	Se	硒	34	78.96(3)
Ho	钬	67	164.93032(3)	Si	硅	14	28.0855(3)
I	碘	58	126.90447(3)	Sm	钐	62	150.36(3)
In	铟	49	114.82(1)	Sn	锡	50	118.710(7)
Ir	铱	77	192.22(3)				

元素		原子序数	原子量	元素		原子序数	原子量
符号	名称			符号	名称		
Sr	锶	38	87.62(7)	U	铀	92	238.0289(1)
Ta	钽	73	180.9479(1)	V	钒	23	50.9415(1)
Tb	铽	65	158.92534(3)	W	钨	74	183.85(3)
Te	碲	52	127.60(3)	Xe	氙	54	131.29(2)
Th	钍	90	232.0381(1)	Y	钇	39	88.90585(2)
Ti	钛	22	47.88(3)	Yb	镱	70	173.04(3)
Tl	铊	81	204.3833(2)	Zn	锌	30	65.39(2)
Tm	铥	69	168.9342(3)	Zr	锆	40	91.224(2)

参 考 文 献

[1] 武汉大学 . 分析化学 . 北京：高等教育出版社，2006.

[2] 张铁垣，杨彤 . 化验工作实用手册 . 北京：化学工业出版社，2008.

[3] 曾鸽鸣，李庆宏 . 化验员必备知识与技能 . 北京：化学工业出版社，2018.

[4] 陈海燕，栾崇林，陈燕舞 . 化学分析 . 北京：化学工业出版社，2019.

[5] 唐迪，徐晓燕 . 基础化学 . 北京：化学工业出版社，2021.

[6] 符明淳，王霞 . 分析化学 . 北京：化学工业出版社，2015.

[7] 李维斌，陈哲洪 . 分析化学 . 3 版 . 北京：人民卫生出版社，2018.

[8] 化学试剂 标准滴定溶液的制备：GB/T 601—2016.

[9] 张凤，王耀勇，余德润 . 无机与分析化学 . 北京：中国农业出版社，2010.

[10] 赵晓华 . 无机及分析化学 . 北京：化学工业出版社，2008.

[11] 高职高专化学教材编写组 . 分析化学 . 北京：高等教育出版社，2000.

[12] 范洪琼，沈泽智 . 基础化学 . 重庆：重庆大学出版社，2015.

[13] 张雪昀，董会钰，俞晨秀 . 基础化学 . 北京：中国医药科技出版社，2019.

[14] 武汉大学化学与分子科学学院实验中心 . 分析化学实验 . 武汉：武汉大学出版社，2021.

[15] 黄一石，黄一波，乔子荣 . 定量化学分析 . 4 版 . 北京：化学工业出版社，2020.

[16] 彭崇慧，冯建章，张锡瑜 . 定量化学分析简明教程（第 4 版）. 北京：北京大学出版社，2020.

[17] 迟玉霞，肖海燕 . 化学分析操作技术 . 东营：中国石油大学出版社，2019.

[18] 赵晓华 . 无机及分析化学 . 北京：中国轻工业出版社，2012.

[19] 叶芬霞 . 无机及分析化学 . 3 版 . 北京：高等教育出版社，2019.

分析化学
技能训练工单

姓名:＿＿＿＿＿＿＿＿ 学号:＿＿＿＿＿＿＿＿ 班级:＿＿＿＿＿＿＿＿

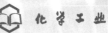

技能训练　准确称量一定质量的物质

班级：＿＿＿＿＿　　学号：＿＿＿＿＿　　姓名：＿＿＿＿＿　　同组人：＿＿＿＿＿

1. 直接称量法称量数据记录

称量瓶编号	1	2
质量/g		

2. 固定质量称量法数据记录

称量范围：＿＿＿＿＿＿＿＿＿＿＿＿＿＿

记录项目	第1份	第2份	备用	备用	备用
小烧杯＋样品质量/g					
空小烧杯去皮后质量/g					
样品质量/g					

3. 递减称量法数据记录

样品名称：＿＿＿＿＿＿＿＿＿＿＿　　称量范围：＿＿＿＿＿＿＿＿＿＿＿

记录项目	第1份	第2份	备用	备用	备用
敲样前称量瓶＋样品前质量/g					
敲样后称量瓶＋样品质量/g					
称量瓶中敲出的样品质量/g					

技能训练　配制一定浓度的溶液

班级：_____　　学号：_____　　姓名：_____　　同组人：_____

1. 配制 200mL 0.1mol/L 的 NaOH 溶液

配制步骤	
溶液保存方法	
配制结果	溶液浓度计算：

标签：

名称	
浓度	
配制人	
配制日期	
有效期	

配制过程中出现问题及解决办法	

2. 配制 200mL 0.1mol/L 的盐酸溶液

配制步骤	
溶液保存方法	
配制结果	溶液浓度计算：

标签：

名称	
浓度	
配制人	
配制日期	
有效期	

配制过程中出现问题及解决办法	

3. 配制 200mL 0.1mol/L 邻苯二甲酸氢钾标准溶液

配制步骤	
溶液保存方法	

数据记录	标准溶液配制数据记录表		
	项目		记录
	称量瓶敲样前质量 $m_{前}/g$		
	称量瓶敲样前质量 $m_{后}/g$		
	邻苯二甲酸氢钾质量 m/g		
	稀释体积 V/mL		
	邻苯二甲酸氢钾标准溶液/$mol \cdot L^{-1}$		

配制结果	溶液浓度计算:	标签:	
		名称	
		浓度	
		配制人	
		配制日期	
		有效期	

配制过程中出现问题及解决办法	

技能训练 标定盐酸溶液的浓度

班级：_____   学号：_____   姓名：_____   同组人：_____

溶液名称		标定人	
溶液编号		校核人	
检测依据		检测日期	
基准物质		指示剂	
水温/℃		温度校正系数	

	记录项目	第1份	第2份	第3份	备用
称量记录	倾倒前称量瓶＋基准物硼砂质量/g				
	倾倒后称量瓶＋基准物硼砂质量/g				
	称量瓶中敲出的基准物硼砂质量/g				
滴定记录	滴定前滴定管内HCl溶液初读数/mL				
	滴定后滴定管内HCl溶液终读数/mL				
	滴定消耗HCl溶液体积/mL				
空白	V_0/mL				
体积校正	温度校正值/mL				
	体积校正值/mL				
	实际体积/mL				
结果计算	计算公式				
	$c(HCl)/mol \cdot L^{-1}$				
	$\bar{c}(HCl)/mol \cdot L^{-1}$				
	相对平均偏差/%				
	备注	$M(Na_2B_4O_7 \cdot 10H_2O)=381.4mol \cdot L^{-1}$			

技能训练　标定氢氧化钠溶液的浓度

班级：_____　　学号：_____　　姓名：_____　　同组人：_____

溶液名称			标定人		
溶液编号			校核人		
检测依据			检测日期		
基准物质			指示剂		
水温/℃			温度校正系数		

	记录项目	第1份	第2份	第3份	备用
称量记录	倾倒前称量瓶＋基准物 KHP 质量/g				
	倾倒后称量瓶＋基准物 KHP 质量/g				
	称量瓶中敲出的基准物 KHP 质量/g				
滴定记录	滴定前滴定管内 NaOH 溶液初读数/mL				
	滴定后滴定管内 NaOH 溶液终读数/mL				
	滴定消耗 NaOH 溶液体积/mL				
空白	V_0/mL				
体积校正	温度校正值/mL				
	体积校正值/mL				
	实际体积/mL				
结果计算	计算公式				
	$c(NaOH)/mol \cdot L^{-1}$				
	$\bar{c}(NaOH)/mol \cdot L^{-1}$				
	相对平均偏差/%				
	备注	KHP——邻苯二甲酸氢钾，$M(KHP)＝204 \cdot 2mol \cdot L^{-1}$			

技能训练　食醋中总酸度的测定

班级：＿＿＿＿＿＿　　学号：＿＿＿＿＿＿　　姓名：＿＿＿＿＿＿　　同组人：＿＿＿＿＿＿

样品名称			测定人	
样品编号			校核人	
检测依据			检测日期	
标准溶液名称			标准溶液浓度/mol·L^{-1}	
水温/℃			温度校正系数	

	记录项目	第1份	第2份	第3份	备用
取样记录	取样体积/mL				
	样品稀释体积/mL				
	移取试样溶液体积/mL				
滴定记录	滴定前滴定管内的NaOH溶液读数/mL				
	滴定后滴定管内的NaOH溶液读数/mL				
	滴定消耗NaOH溶液体积/mL				
空白	V_0/mL				
体积校正	温度校正值/mL				
	体积校正值/mL				
	实际体积/mL				
结果计算	计算公式				
	ρ(HAc)/(g/100mL)				
	$\bar{\rho}$(HAc)/(g/100mL)				
	相对平均偏差/%				
备注		M(HAc)＝60.05mol·L^{-1}			

9

技能训练 高锰酸钾标准溶液的配制与标定

班级：_____ 学号：_____ 姓名：_____ 同组人：_____

溶液名称			标定人	
溶液编号			校核人	
检测依据			检测日期	
基准物质			指示剂	
水温/℃			温度校正系数	

	记录项目	第1份	第2份	第3份	备用
称量记录	倾倒前称量瓶＋基准物 $Na_2C_2O_4$ 质量/g				
	倾倒后称量瓶＋基准物 $Na_2C_2O_4$ 质量/g				
	称量瓶中敲出的基准物 $Na_2C_2O_4$ 质量/g				
滴定记录	滴定前滴定管内 $KMnO_4$ 溶液初读数/mL				
	滴定后滴定管内 $KMnO_4$ 溶液终读数/mL				
	滴定消耗 $KMnO_4$ 溶液体积/mL				
空白	V_0/mL				
体积校正	温度校正值/mL				
	体积校正值/mL				
	实际体积/mL				
结果计算	计算公式				
	$c(KMnO_4)$/mol·L^{-1}				
	$\bar{c}(KMnO_4)$/mol·L^{-1}				
	相对平均偏差/%				
备注		$M(Na_2C_2O_4)＝134.0mol·L^{-1}$			

技能训练　双氧水中过氧化氢含量的测定

班级：_____　　学号：_____　　姓名：_____　　同组人：_____

样品名称		测定人	
样品编号		校核人	
检测依据		检测日期	
标准溶液名称		标准溶液浓度 /mol·L^{-1}	
水温/℃		温度校正系数	

	记录项目	第1份	第2份	第3份	备用
取样记录	取样体积/mL				
	样品稀释体积/mL				
	移取试样溶液体积/mL				
滴定记录	滴定前滴定管内 KMnO$_4$ 溶液初读数/mL				
	滴定后滴定管内 KMnO$_4$ 溶液终读数/mL				
	滴定消耗 KMnO$_4$ 溶液体积/mL				
空白	V_0/mL				
体积校正	温度校正值/mL				
	体积校正值/mL				
	实际体积/mL				
结果计算	计算公式				
	$\rho(H_2O_2)/(g/L)$				
	$\bar{\rho}(H_2O_2)/(g/L)$				
	相对平均偏差/%				
备注		$M(H_2O_2)=34.01g·mol^{-1}$			

技能训练　硝酸盐标准溶液的配制与标定

班级：_____　　学号：_____　　姓名：_____　　同组人：_____

溶液名称				标定人	
溶液编号				校核人	
检测依据				检测日期	
基准物质				指示剂	
水温/℃				温度校正系数	

	记录项目	第1份	第2份	第3份	备用
称量记录	倾倒前称量瓶＋基准物 NaCl 质量/g				
	倾倒后称量瓶＋基准物 NaCl 质量/g				
	称量瓶中敲出的基准物 NaCl 质量/g				
滴定记录	滴定前滴定管内 $AgNO_3$ 溶液初读数/mL				
	滴定后滴定管内 $AgNO_3$ 溶液终读数/mL				
	滴定消耗 $AgNO_3$ 溶液体积/mL				
空白	V_0/mL				
体积校正	温度校正值/mL				
	体积校正值/mL				
	实际体积/mL				
结果计算	计算公式				
	$c(AgNO_3)/mol \cdot L^{-1}$				
	$\bar{c}(AgNO_3)/mol \cdot L^{-1}$				
	相对平均偏差/%				
备注		$M(NaCl) = 58.44 mol \cdot L^{-1}$			

技能训练　生理盐水中氯化钠含量的测定

班级：_____　学号：_____　姓名：_____　同组人：_____

样品名称		测定人	
样品编号		校核人	
检测依据		检测日期	
标准溶液名称		标准溶液浓度 /mol·L^{-1}	
水温/℃		温度校正系数	

	记录项目	第1份	第2份	第3份	备用
取样记录	取样体积/mL				
	样品稀释体积/mL				
	移取试样溶液体积/mL				
滴定记录	滴定前滴定管内的 AgNO$_3$ 溶液初读数/mL				
	滴定后滴定管内 AgNO$_3$ 溶液终读数/mL				
	滴定消耗 AgNO$_3$ 溶液体积/mL				
空白	V_0/mL				
体积校正	温度校正值/mL				
	体积校正值/mL				
	实际体积/mL				
结果计算	计算公式				
	$\rho(NaCl)$/(g/100mL)				
	$\bar{\rho}(NaCl)$/(g/100mL)				
	相对平均偏差/%				
备注		$M(NaCl)=58.44\text{g}\cdot\text{mol}^{-1}$			

技能训练 EDTA 标准溶液的配制与标定

班级：_____ 学号：_____ 姓名：_____ 同组人：_____

溶液名称				标定人	
溶液编号				校核人	
检测依据				检测日期	
基准物质				指示剂	
水温/℃				温度校正系数	

	记录项目	第1份	第2份	第3份	备用
称量记录	倾倒前称量瓶＋基准物 ZnO 质量/g				
	倾倒后称量瓶＋基准物 ZnO 质量/g				
	称量瓶中敲出的基准物 ZnO 质量/g				
滴定记录	滴定前滴定管内 EDTA 溶液初读数/mL				
	滴定后滴定管内 EDTA 溶液终读数/mL				
	滴定消耗 EDTA 溶液体积/mL				
空白	V_0/mL				
体积校正	温度校正值/mL				
	体积校正值/mL				
	实际体积/mL				
结果计算	计算公式				
	$c(EDTA)/mol \cdot L^{-1}$				
	$\bar{c}(EDTA)/mol \cdot L^{-1}$				
	相对平均偏差/%				
备注		$M(ZnO)=81.39mol \cdot L^{-1}$			

技能训练　水的总硬度的测定

班级：_____　　学号：_____　　姓名：_____　　同组人：_____

样品名称		测定人	
样品编号		校核人	
检测依据		检测日期	
标准溶液名称		标准溶液浓度 /mol·L^{-1}	
水温/℃		温度校正系数	

水的总硬度测定

	记录项目	第1份	第2份	第3份	备用
	移取水样体积/mL				
滴定记录	滴定前滴定管内 EDTA 溶液初读数/mL				
	滴定后滴定管内 EDTA 溶液终读数/mL				
	滴定消耗 EDTA 溶液体积/mL				
空白	V_0/mL				
体积校正	温度校正值/mL				
	体积校正值/mL				
	实际体积/mL				
结果计算	计算公式				
	$\rho(CaCO_3)$/(mg/L)				
	$\bar{\rho}(CaCO_3)$/(mg/L)				
	相对平均偏差/%				
	备注	$M(CaCO_3)=100.1g \cdot mol^{-1}$			

<table>
<tr><td colspan="6" align="center">测定 Ca^{2+} 含量</td></tr>
<tr><td colspan="2" align="center">记录项目</td><td align="center">第 1 份</td><td align="center">第 2 份</td><td align="center">第 3 份</td><td align="center">备用</td></tr>
<tr><td colspan="2" align="center">移取水样体积
/mL</td><td></td><td></td><td></td><td></td></tr>
<tr><td rowspan="3">滴定记录</td><td>滴定前滴定管内 EDTA
溶液初读数/mL</td><td></td><td></td><td></td><td></td></tr>
<tr><td>滴定后滴定管内 EDTA
溶液终读数/mL</td><td></td><td></td><td></td><td></td></tr>
<tr><td>滴定消耗 EDTA 溶液
体积/mL</td><td></td><td></td><td></td><td></td></tr>
<tr><td>空白</td><td align="center">V_0/mL</td><td colspan="4"></td></tr>
<tr><td rowspan="3">体积校正</td><td align="center">温度校正值/mL</td><td></td><td></td><td></td><td></td></tr>
<tr><td align="center">体积校正值/mL</td><td></td><td></td><td></td><td></td></tr>
<tr><td align="center">实际体积/mL</td><td></td><td></td><td></td><td></td></tr>
<tr><td rowspan="4">结果计算</td><td align="center">计算公式</td><td colspan="4"></td></tr>
<tr><td align="center">ρ(CaO)/(mg/L)</td><td></td><td></td><td></td><td></td></tr>
<tr><td align="center">$\bar{\rho}$(CaO)/(mg/L)</td><td colspan="4"></td></tr>
<tr><td align="center">相对平均偏差/%</td><td colspan="4"></td></tr>
<tr><td colspan="2" align="center">备注</td><td colspan="4" align="center">M(CaO)＝56.08g · mol^{-1}</td></tr>
</table>

技能训练 面粉中水分含量的测定

班级：_____   学号：_____   姓名：_____   同组人：_____

样品名称		测定人	
样品编号		校核人	
检测依据		检测日期	
室温/℃		湿度	

记录项目	第 1 份	第 2 份
第一次恒重空称量瓶的质量/g		
第二次恒重空称量瓶的质量/g		
空称量瓶的质量 m_3/g		
称量瓶与样品质量 m_1/g		
第一次称量瓶与样品恒重质量/g		
第二次称量瓶与样品恒重质量/g		
称量瓶与样品恒重质量 m_2/g		
水分的质量/g		
计算公式	$X=\dfrac{m_1-m_2}{m_1-m_3}\times100\%$	
水分含量 X/%		
水分平均含量 $\overline{X}$/%		
绝对差值/%		
规定 X 含量		本次测定结果是否符合要求	

23

技能训练 邻二氮菲分光光度法测定铁

班级：_____ 学号：_____ 姓名：_____ 同组人：_____

仪器条件			
样品名称：		样品编号：	
仪器名称：	仪器型号：	仪器编号：	
铁标液浓度/$\mu g \cdot mL^{-1}$：		工作波长/nm：	
还原剂名称与浓度/$g \cdot L^{-1}$：		加入体积/mL：	
缓冲溶液名称与浓度/$mol \cdot L^{-1}$：		加入体积/mL：	
显色剂名称与浓度/$g \cdot L^{-1}$：		加入体积/mL：	
参比溶液：			
吸收池材料与规格/cm：			

绘制工作曲线						
标准溶液稀释体积/mL：						
编号	B1	B2	B3	B4	B5	B6
铁标液加入体积/mL						
铁标液浓度/$\mu g \cdot mL^{-1}$						
吸光度 A						
标准曲线方程						
相关系数 R^2						

试样中铁含量的测定			
试样溶液移取体积/mL：		试样溶液稀释体积/mL：	
编号	Y1	Y2	Y3
吸光度 A			
查得铁含量/$\mu g \cdot mL^{-1}$			
试样中铁含量/$\mu g \cdot mL^{-1}$			
试样中平均铁含量/$\mu g \cdot mL^{-1}$			
相对平均偏差/%			

ISBN 978-7-122-44860-6

9 787122 448606 >

定价：38.00元